焦虑消除指南

(日)柳川由美子 著

屈姉 译

化学工业出版社
·北京·

Fuanna Jibun o Sukuu houhou
ISBN 978-4-7612-7603-4
Copyright©Yumiko Yanagawa 2022
Original Japanese edition published by KANKI PUBLISHING INC.,
Simplified Chinese translation copyright©2024 by Beijing ERC Media, Inc.
All rights reserved.
This Simplified Chinese edition published by arrangement with KANKI PUBLISHING INC., Tokyo, through Shinwon Agency Co.

本书中文简体字版由KANKI PUBLISHING INC.授权化学工业出版社独家出版发行。
本版本仅限在中国内地（大陆）销售，不得销往中国香港、澳门和台湾地区。未经许可，不得以任何方式复制或抄袭本书的任何部分，违者必究。

北京市版权局著作权合同登记号：01-2023-5858

图书在版编目(CIP)数据

焦虑消除指南 /（日）柳川由美子著；屈姊译. — 北京：化学工业出版社，2024.2（2024.11重印）
ISBN 978-7-122-44552-0

Ⅰ.①焦… Ⅱ.①柳…②屈… Ⅲ.①焦虑-心理调节-通俗读物 Ⅳ.①B842.6-49

中国国家版本馆CIP数据核字（2023）第230597号

责任编辑：王冬军　　　　　　　　装帧设计：水玉银文化
责任校对：李露洁　　　　　　　　版权编辑：金美英

出版发行：化学工业出版社（北京市东城区青年湖南街13号　邮政编码100011）
印　　装：三河市双峰印刷装订有限公司
880mm×1230mm　1/32　印张 6 $\frac{3}{4}$　字数104千字　2024年11月北京第1版第2次印刷

购书咨询：010-64518888　　　　　　售后服务：010-64518899
网　　址：http://www.cip.com.cn
凡购买本书，如有缺损质量问题，本社销售中心负责调换。

定　价：39.80元　　　　　　　　　　　　　　　　版权所有　违者必究

写在卷首

你好!

我是柳川由美子,一名治疗焦虑症的心理咨询师。

我将在这本书里,向你介绍一些能够迅速减轻焦虑的方法。

很多人都说"我会杂七杂八地想太多,把自己弄得焦虑不安"。

说这种话的人往往都是完美主义者,而且凡事严肃认真。

他们责任心强,做事情埋头苦干,不仅待人和善,还总是优先考虑别人的感受。

正因为如此,他们常常没办法说出自己的真心话,精神上的压力越积越多,最终失去身心的平衡。

另一方面,由于他们看什么都感到焦虑,所以在紧要关头没有办法发挥出自己的实力。

在我的印象里,像上述情况这样觉得自己很没出息,从而丧失自信的人数不胜数。

"要是能消除这种焦虑，人就会轻松得多啊……"

在我开设在神奈川县镰仓市和横滨市港未来两地的心理咨询室里，每天都有很多人带着这种烦恼前来问诊。

其中也有一些人常年都在服用治疗精神类疾病的药物。

然而，他们之所以依赖药物进行治疗，往往是因为他们实际上只知道药物治疗这一个应对焦虑的法子。他们并不知道在日常生活中自己能够进行的一些护理方法，其实就能快速地缓解焦虑。

对于这一类人，我在自己的诊所里，除了对他们进行心理咨询之外，也传授一些自己就能轻松实施的自我护理方法。

跟我学习过这些方法的咨询客户达到了8000人。

每一种方法都基于心理学和脑科学的理论依据，并且都经过了效果的实证。

我从参加了自我护理方法实践的来访者那里收到了很多积极的评价，诸如：

"多年来患有的心理疾病在短期内治好了。"

"我没有吃药，但整个人的状态越来越好！"

"我不再被那种强烈的突发性的负面情绪压得喘不过

气来。"

"我对自己有了信心。"

在这本书里,我只介绍那些被参加过实践的来访者们普遍评为"特别有效"和"确实缓解了焦虑"的方法。

在痛苦的时候,向自己身边亲近的人、专业人士或是药物寻求帮助是非常重要的。

而且,和这些做法同等重要,甚至可以说更为重要的是,要事先了解一些自己帮助自己的方法。

因为这样一来,你就能够在焦虑变得严重之前便采取对策,不至于让自己被焦虑所吞噬。

这本书里虽然一共介绍了59种自我护理的方法,不过你可以从自己觉得有意思的方法入手,轻轻松松地试上一试。我相信你一定会在其中碰到恰好适合自己的方法。

能够在关键时刻助你平复情绪、恢复从容的自我护理方法,必将成为让你安心的护身符。

作为一名焦虑症专业心理咨询师,如果我能通过这本书,帮助你找到专属于自己的守护内心的护理方法,那我就再高兴不过了。

柳川由美子

导　言

| 为了
| 获得切实的效果，
| 你首先需要
| 了解的事

在帮助你实践自我护理方法之前，我将你需要事先了解的诸项事宜做了一个总结。通过阅读这一部分的内容，你将会真切地感受到这些方法带来的切实效果，因此请不要跳过哦！

人为什么会产生焦虑

我首先想和你谈谈"人为什么容易变得焦虑"。

原因何在呢？

原因是我们人类天生就是容易焦虑的生物。

人类遗传基因的构成当中就含有对"恐惧"的认知。

在远古时代，我们的祖先最害怕的事物之一，就是潜伏在荒野当中的剑齿虎等肉食性动物。

祖先们即使是沉浸在美好的幸福当中，诸如正在享用着美味的食物，或是正和伙伴们欢聚一堂的时候，也会一旦察觉到威胁生命的猛兽出现，就必须立刻把注意力转移到猛兽的身上，决定自己是跟带来恐惧的敌人打斗一番，还是赶紧逃之夭夭。因为如果不立即做出决断，就会被对方一口吞噬。

我们的祖先都是通过快速发现不安的苗头，并对其进行风险管理才保全了性命的谨慎之人。

而他们的后裔正是今天的我们。

活在现代的我们也继承了祖先对焦虑敏感的基因。

所以说，你很容易焦虑这件事是再自然不过了。

了不起的"小焦虑"24小时守护着你的安全

人会对焦虑敏感，是为了生存下去的必要条件。

我们倒不如将焦虑看作一个非常重要的警报，它会提醒我们"小心，有危险！照这样下去会出问题哦！"

而且这个警报是个全天候都在为你守护安全的"劳模"。

不仅如此，这个"劳模"还非常敏感，即使有点儿风吹草动也能立刻察觉，忙着告诉你"嘿！没事儿吗？我们现在得干点儿什么才好吧"。一年365天，它不眠不休，天天如此。

这么一想，焦虑这个东西还真是让人不由得心生怜爱呢！

导　言

　　多亏了这个让人不由得想要称其为"小焦虑"的了不起的警报，碰上一丁点儿风险也会马上通知我们，我们才得以熬过危机四伏的时期。

　　不过，我们的这些"小焦虑"都过于勤劳和敏感。由于这个原因，即使是在一万年后的今天，人类已经摆脱了被猛兽袭击的危险，但只要感觉到焦虑警报拉响，还是依然无法停止做出过度的反应。

　　所以，即使身处众多面带微笑的人当中，我们也能很轻易就发现其中某一张气冲冲的脸；和快乐的日子相比，我们会对艰难的日子留有更多的印象；我们总是记得别人对自己说的不爱听的话，而不是听了之后觉得开心的事情。

　　一旦我们发现消极的迹象，身体内的焦虑警报就会立刻响个不停。

　　我得在这儿再说一次，焦虑是保护你免受风险的非常重要的警报。

　　虽然"焦虑"这个词听上去似乎总让人觉得很负面，但其实不然，它是一个会告诉你"这样下去有危险，得提早做准备"的非常重要的存在。

　　因此，你容易感到焦虑是很自然、很普通的事。

　　有很多人往往认为"焦虑的我"就等同于"没用的我"，但事实绝非如此，我们首先要好好地弄懂一点，那就是焦虑的情绪也有其重要的意义!

话虽如此,但如果焦虑警报的动静太大,也有可能给你带来困扰。

那便是你不能去做那些你本应该做的事情。

一旦"要是我做这个工作出了差错可怎么办"的焦虑警报过于强烈,人就会出现恐慌,无法接受新的挑战。

或者"要是那个人讨厌我可怎么办"的焦虑警报声音太大,人的大脑就会一片空白,本来应该说的话也说不出口了。

因焦虑而产生的恐惧会让人停止思考,即使知道自己这样做了会陷入困境,但此时此刻也只能是束手无策了。

认真倾听内心"小焦虑"的声音

那么,要怎样做才能避免出现因焦虑而停止思考,整个人都动弹不得的局面呢?

首先,你需要意识到"啊!现在我身体内的焦虑警报响了"。

一旦觉察这一点之后,你就要根据警报的种类对它给予必要的照顾。

正如我在前文中多次提到的那样,焦虑警报的职责就在于告诉你"某种危险马上就要来了"。比如说"再这样下去,说不定你要跟别人发生争执哦",或者"得不到足够的关爱,我感觉心好像都快枯萎了",等等。

　　了不起的"小焦虑"正是通过让我们的心脏扑通扑通地跳动,或是让我们感到内心郁闷的方式,传达着各种潜在的危险。

　　所以,你首先要做的就是要注意到"小焦虑"的声音,并认真倾听。

　　只要做到了这一点,焦虑警报便完成了"传达危险"的使命,它的音量就会显著变小。

　　另外,如果你清楚自己感受到的焦虑是什么类型,也就能知道该用哪种适当的方法去呵护它。

　　在这本书里,我将向你介绍按照"小焦虑"的类型来进行护理的方法。

　　通过你的细心呵护,焦虑警报的声响会变得越来越小。

什么是潜意识作怪

　　看到这里,你一定在想"如果有那么好的护理方法,我可得试一试"。

　　你这么想就对了,非常棒!

　　虽然我很想立刻就介绍这些方法,但还是请你再稍微等一下。

　　在此之前,我希望你能理解一件事。

那就是你的潜意识接下来会制造出一些"小小的恶作剧"。

我们的潜意识喜欢自己了如指掌的事物，讨厌发生变化。

这是因为如果有变化，我们就不知道接下来会发生什么。而不知道不明白，就会产生焦虑。因此，我们这些对于焦虑非常敏感的人，都会无意识地害怕变化。

针对这一现象，早稻田大学的名誉教授，同时也是《电话咨询人生》节目主播的加藤谛三先生，在他的著作《平息焦虑的四十个秘诀》一书中，说了下面这样一段话：

"这十多年以来，我见到了很多豁出性命都要抓住不幸的人。这是因为对我们人类来说，焦虑是一种比不幸还要更为强烈的情绪。人会为了避免自己产生焦虑而拼命抓着不幸不放手。"

也就是说，如果选择变化会导致自己产生焦虑的话，我们的潜意识宁可现在过得痛苦不堪，也要选择继续维持原状。

看了上面这段话，你心里是否也想到了什么呢？

比如说，明明知道自己只要往前迈出一步就能活得更幸福，但就是迟迟下不了换工作的决心；或是做不到主动跟自己想交的朋友打招呼；又或是在美发店里总是请理发师给自己弄同样的发型；等等。

对于潜意识而言，"变化"就是这般可怕。

导　言

因此，一旦你想要尝试新的挑战，潜意识就会马上跳出来给你准备做的事情"踩刹车"。

这句话是什么意思呢？嗯，就请你现在花点儿时间翻开本书看一看。

我想你应该看到了书中讲的某几种训练方法，看到这些内容的时候，你是不是这样想的呢——

"呃，这种训练方法……有意义吗？"

"这种训练，做了也白做啊！"

对，就是这些声音！

这些从你心底发出的声音，就是潜意识在作怪。

是你害怕改变，想要保持现状而在不知不觉中给自己踩下的刹车。

你要做的就是继续踩油门！

这一点其实非常重要，你踩下刹车的举动就意味着你的发动机已经启动了。变化已经悄然开始。

因此，当你听见心里的声音说"做了也不会有变化"的时候，这才正是机会来了！

请你亲自体验一下书中介绍的各种方法。

虽然也许其中有一些是你早就知道的，但重要的不是"知道"，而是去"实践"。

因为只有行动，才能够把你从所处的当下带到其他的地方去。

如果你持续做同一件事，就只能得到和往常一样的结果，但如果你开始做不同的事，并且一直做下去，最终会呈现出不一样的结果。

你需要做的，就是浑身铆足了劲儿，迈出第一步。

然后一步不停地坚持走下去。

于是，在不久的将来，你会看见一幅新的景象。

新的景象中会有许多你以前没有见过的事物，诸如能助你一臂之力或是让你感到幸福的事物等，你也应该会看到一些令人兴奋的"可能性"。

一颗能发现全新可能性的柔软内心，甚至也许能够把一直以来折磨着你的焦虑情绪，都转换成让你熠熠生辉的能量。

那么，就让我们携手前行吧！

目 录

第1章 让你"因缺乏自信而产生的焦虑"转眼消散

- Q1 当你因觉得"自己反正都不行"而感到焦虑的时候(1) 003
- Q2 当你因觉得"自己反正都不行"而感到焦虑的时候(2) 007
- Q3 当你因觉得"自己反正都不行"而感到焦虑的时候(3) 010
- Q4 当你没办法停止责备自己的时候 013
- Q5 当你对做不好事情的自己喜欢不起来的时候 015
- Q6 当你眼里只看得见自己缺点的时候 018
- Q7 当你不管做什么事情都没有自信的时候 021
- 专题 只要自己认可自己,心情就会变轻松! 025

第2章 让你"在人际关系上产生的焦虑"转瞬即逝

- Q8 当你因跟人打招呼却被忽视而感到沮丧的时候 031
- Q9 当你因觉得遭人嫌弃而感到焦虑的时候 034

Q10　当你感到自己"容易被人欺负"的时候　037

Q11　当你因似乎被人觉得跟你说话索然无趣而焦虑的时候　041

Q12　当你担心要和自己不太擅长打交道的人说话的时候（1）　043

Q13　当你担心要和自己不太擅长打交道的人说话的时候（2）　045

Q14　当你因身边有人情绪焦躁而变得缩手缩脚的时候（1）　048

Q15　当你因身边有人情绪焦躁而变得缩手缩脚的时候（2）　050

Q16　当你因害怕被人讨厌而不敢说"不"的时候　052

Q17　当你看别人的脸色去行事的时候　056

Q18　当你因"初来乍到"而感到焦虑的时候　059

Q19　当你因站在众人面前紧张而感到焦虑的时候　061

第3章　让你的"惶恐不安"瞬间平复

Q20　当你冷不防被人训斥，担惊受怕到想哭的时候　065

Q21　当有人对你唠叨，这份压力让你感到痛苦的时候　067

Q22　当你因焦虑而心脏怦怦跳个不停的时候（1）　069

Q23　当你因焦虑而心脏怦怦跳个不停的时候（2）　071

Q24　当你因焦虑而心脏怦怦跳个不停的时候（3）　073

Q25　当你在做展现或面试之前，感到极度紧张的时候（1）　075

Q26　当你在做展现或面试之前，感到极度紧张的时候（2）　077

目录

Q27　当你想要不再因"反刍思维"而忧心忡忡的时候　079

Q28　当你因无法停止"反刍思维"而什么都干不了的时候　082

Q29　当你因在两个事物之间很难抉择而一筹莫展的时候　084

Q30　当你因不知道怎样做才对而感到焦虑的时候　086

Q31　当你因不知道今后该怎么办而感到焦虑的时候　088

专题　将"能够改变的事物"和"改变不了的事物"区分开　091

第4章　让你心中"莫名的焦虑"迅速消失

Q32　当你因一些不明原因的焦虑而感到郁闷的时候（1）　095

Q33　当你因一些不明原因的焦虑而感到郁闷的时候（2）　097

Q34　当你因一些不明原因的焦虑而感到郁闷的时候（3）　099

Q35　当你因一些不明原因的焦虑而感到郁闷的时候（4）　100

Q36　当你因一些不明原因的焦虑而感到郁闷的时候（5）　102

Q37　当你似乎要被严重的焦虑压垮，感到痛苦的时候　106

Q38　当你因在意心爱之人，担心到什么也干不了的时候　110

Q39　当你担心一乘坐公共交通就好像会身体不舒服的时候　112

Q40　当你因身体疼痛等原因对外出感到焦虑的时候　115

Q41　当你因疼痛似乎越来越严重而感到焦虑的时候　118

专题　让我们认真倾听内心那些莫名的焦虑　121

第5章　让你心中"痛苦的创伤"
　　　　　静静消散

- Q42　当过去的痛苦回忆在你脑海中挥之不去的时候（1）　127
- Q43　当过去的痛苦回忆在你脑海中挥之不去的时候（2）　129
- Q44　当过去的痛苦回忆在你脑海中挥之不去的时候（3）　133
- Q45　当你忘不掉那些别人对自己说的不开心的话时　135
- Q46　当有这么一个人，让你只是想起来就感到痛苦的时候　139
- Q47　当你想要粉碎心理创伤，化创伤为力量的时候　141

第6章　让你的心中重新
　　　　　充满期待

- Q48　当你对一成不变的日常生活感到郁郁寡欢的时候　147
- Q49　当你因弄不清自己喜欢什么而感到焦虑的时候　149
- Q50　如果你发现自己感知快乐的能力有些退化了（1）　152
- Q51　如果你发现自己感知快乐的能力有些退化了（2）　155
- Q52　当你因感到"未来无可期待"而垂头丧气的时候　158
- Q53　如果你因担心找不到理想的伴侣而感到焦虑　162

第7章　让自己开开心心
　　　　　迎接新的一天

- Q54　当你明明很困，却难以入睡的时候（1）　169

目 录

Q55　当你明明很困，却难以入睡的时候（2）　173

Q56　当你为自己想要休息而内疚，感到焦虑的时候　176

Q57　当你似乎要把今天的郁闷情绪带到明天去的时候　179

Q58　当你因为担心很多事情而睡不着的时候　181

Q59　如何治愈今天一整天都在和焦虑对抗的自己　185

来访者的话　187

作者简介　195

第 1 章

让你"因缺乏自信而产生的焦虑"转眼消散

如果我们对自己不自信,
那么干什么事都会感到焦虑。
但若是反过来理解这句话,
就是只要我们有自信,焦虑就会缓解。
让我们不断地多给自己一些认可吧!

当你因觉得"自己反正都不行"
而感到焦虑的时候（1）

　　首先，让我们从一个做起来非常简单，又有显著效果的训练方法入手！

　　如果你是缺乏自信、动不动就认为"自己反正都不行"的人，我希望你一定要试一试下面这个方法，它会让你的身体比内心更早地感受到爱。

　　只需要你做两件事。

　　首先，双手交错置于胸前，用手上下抚摸上臂。

　　持续做这个动作一段时间之后，你的大脑将会受到刺激，分泌出一种叫作"脑下垂体后叶荷尔蒙"的激素。脑下垂体后叶荷尔蒙是一种神经递质，别名叫作"爱情激素"或"拥抱激素"。一般认为，人们在轻抚手臂外侧和后背时，身体会分泌出这种激素。

我们经常会看到年轻的妈妈一边说着"没事儿啦没事儿啦"，一边用手轻轻抚摸着正在哭闹的孩子的后背对吧？这个举动大概就是因为妈妈们从经验中知道，抚摸后背的动作会让孩子的身体释放出爱情激素，孩子会感到安心。

接下来，请继续一边轻轻抚摸自己的上臂，一边对自己说一些体贴和宽慰的话。

"是啊是啊，你已经很努力了，很了不起啊！"

"没事儿，没事儿，你已经做得很好了啊！"

就像这样跟失去了信心的自己说说话。

如果你实际尝试一番就会发现，那些你通常会以"不不不，我这人不行"来拒绝给予自己的一些赞美之词，在你抚摸自己的上臂时，就能够非常温柔地不费吹灰之力地融化在自己的内心，你会很自然地接受这些话。

这种感觉就如同有一位慈爱的母亲陪伴在你的身边，给你加油鼓劲儿一样。

不错，这就是爱情激素产生的效果！

当你把爱倾注于自己的身体时，你的内心也会感到踏实从而松弛下来。

在我的心理咨询课程当中，我也会要求第一次前来咨询的人"反复做这个练习"。在实际练习之后，很多人都表示"我觉得内心特别平静"。

这里顺便说一下，虽然众所周知来自心爱之人的身体接触会起到缓解压力的作用，但近年来的研究表明，自己抚摸自己身体的行为也有着同样的效果。

德国法兰克福大学心理学研究所的阿约沙·德莱索纳等人进行的研究表明，不论是被陌生人拥抱20秒，还是自我抚摸20秒，都会让被称为"压力荷尔蒙"的皮质醇水平有所下降。

另外，据说和被陌生人拥抱相比，自我抚摸更具有减压的效果。

虽然你爱的人不一定总在你的身边，但你自己总会常伴自己的左右。

记住自己的存在，无异于记住一个强大盟友的存在。

"抚摸上臂+用语言宽慰自己"的训练方法，会为你提供想起自己存在的机会，所以请每天尽可能地多做几次。

练习的次数越多，你的焦虑就会越少。

如果在睡觉之前做的话，会让你睡上一个好觉哦！

A 通过"抚摸上臂＋用语言宽慰自己"的训练方法让自信油然而生！

当你因觉得"自己反正都不行"而感到焦虑的时候（2）

不过，对于那些认为"慰藉自己这种事儿还是很难"的人，我还推荐下面这样的训练方法。

首先，准备一个柔软的毛绒玩具，并给它取一个与你相似的名字。

假如你的名字是"花子"，那就叫它"小花"什么的，类似这样就行。

这个被命名的毛绒玩具是你非常重要的"分身"。由于毛绒玩具是你的分身，所以它对你感到的焦虑和缺乏自信也感同身受。

因此，当你缺乏自信、感到孤单的时候，请用温柔的语气和与你有着同样心情的毛绒玩具说说话。

比如说"小花啊，今天受了前辈的挖苦，心里不好受吧"，或者是"明明跟那个人打了招呼，人家却理都不理……这可太伤人了，对吧"，等等。

我希望你能像对待一个有些疲惫的朋友那样去安慰安慰毛绒玩具。

而且，在和毛绒玩具说话的同时，你还可以轻轻地抚摸它，或是紧紧地将它抱在怀里。

这样一来，你会感到心头发热，就仿佛自己被别人拥抱着一样。

事实上，有研究表明，人通过抚摸或拥抱柔软蓬松的事物，身体会释放出前文提到的爱情激素，也就是"脑下垂体后叶荷尔蒙"这种神经递质。

我们在拥抱某个东西的时候，会觉得自己被对方拥抱着，说不定这就是爱情激素起的作用呢。

当你的情绪得到满足之后，记得最后要向毛绒玩具说一句宽慰的话。

比如："不过不用在意，小花你已经很努力了啊！"

那些难以向自己表达的关爱，要是对毛绒玩具说的话，也就能够很轻松地表达出来。

这种做法会出乎意料地非常有用。

事实上，很多研究已经证明，像这样自己对自己持有同情心，会产生减轻压力、提升幸福感、增强复原力（即在面对困难和受到威胁时的"良好适应能力"）、预防及改善焦虑和抑郁等各种各样的效果。

> A 试着去关爱一只可爱的毛绒玩具！

当你因觉得"自己反正都不行"
而感到焦虑的时候（3）

然而，也还是会有人很难从内心去接受"我已经努力了""我做得很好了"这种安慰自我的话。

这种情况下，就让我们顺其自然地承认自己缺乏自信。

"我得原谅自己也有消极的部分啊！"只要接纳自己就好。

人本来就会在接触到对自己来说不开心的信息时，很自然地产生不安的情绪。

比如说，当朋友比自己的成绩好，或是朋友比自己先处上了恋爱对象的时候，自己会感到嫉妒，想到"和朋友一比，自己却……"就焦虑不安，这种心情再正常不过，和身体被撞了会感到疼是一回事。

身体的疼痛是一种警报，告诉你需要接受治疗以保全生命。

而负面情绪也和它一样，是在告诉我们需要为继续活下去做一些事情。

因此，不要无视负面情绪的存在，让我们首先去认真地接受它。

如果你忽视负面情绪发出的警报，那么为了引起你的注意，警报的声音会变得越来越大。但若是你接受了"警报在响"的事实，它就完成了通知你的使命，转眼间会安静下来。

因此，在感到焦虑的时候，你对自己说"被人甩出那么一大截，确实是会丧失信心啊！"或是"心里是很慌啊"，只要承认自己的感受就好了。

请你不要否定自己的感受，去接纳它，并告诉自己"丧失自信很正常，心里郁闷就郁闷吧""焦虑一下也没什么大不了"。

这种时候没必要强迫自己去积极向上。

如果这时候想着要努力，人就又会开始对使不上劲的自己挑三拣四。

消极的自我也是我,软弱的自我也是我,什么样的自己都能接受,这就是自我肯定。

一旦坦然接受了"不优秀的自己也挺好",你的内心就会变得柔韧又坚强。

> **A** 坦然接受"不优秀的自己也挺好"!

当你没办法停止责备自己的时候

认可自己会产生焦虑这一点,是获得柔韧内心的第一步。

话虽如此,但因一点点小事就立刻觉得"自己反正是不行"的人,也许是因为内心已经形成了这样的思维惯性。

一旦人有了这种惯性,就会一天到晚挑自己的毛病,很快就会变得痛苦不堪。

所以如果你意识到"我该不会是对自己太苛刻吧",就请你在开始挑剔自己的时候,试着在说的每句话开头加上一个"我以前觉得"。

就好像是"我以前觉得我这人反正是不行"这样。

一旦你说的话变成了过去时态,哇,你会觉得很不可思议。

你会很自然地想到"我以前是觉得自己不行,不过,现在说不定不一样了吧?"

用这种方法反复练习,就能让轻易认为自己不行的思维惯性,逐步得到根治。

"我以前觉得",这是一句我希望那些无意识地贬低自己的人一定要记住的"魔法口诀"。

> A 在"自己反正不行"之前加上"我以前觉得",让它变成过去。

当你对做不好事情的自己
喜欢不起来的时候

在来我的诊所接受咨询的来访者当中,虽然有很多人都表示"对自己没有信心",但和他们对自己的评价正好相反,他们中的大多数人其实都很优秀。

要么是自己创业的企业家,要么是企业经营管理者,在公司做职员的人也都是被公司委以重任的员工。如果是学生,也都成绩优秀。

在我看来,他们也都是不逊于任何人的上进的人,而且都取得了相当出色的成绩。

然而,他们就是说"自己没有自信"或是"自己做得不好"。这是为什么呢?

事实上,这些人有一个共同之处,他们都是"完美主义者"。

如果一个人追求完美，只要是离百分百就差个百分之一，也会认为"没能尽善尽美的自己很差劲"。不过，因为能做到尽善尽美的人压根儿就不存在，所以追求完美的人会一天天地失去信心。

这些完美主义者的一个特征在于他们往往认为"我必须怎样怎样"。

"我必须把工作做到极致。"

"我必须在学习上一直都取得好成绩。"

"我必须把家里收拾得井井有条。"

"我绝不能向别人诉苦。"

或许你平时也是这样想的吧？

然而实际上，从旁观者的角度来看，都是些让人觉得"真的非这样不可吗？"的事情。

工作不一定要事事做得完美，做得差不多也行；好成绩也不用每次都拿，只要在关键时刻拿到就好；家务活儿也不用一丝不苟，只要做好了最起码的事，日子也能照样过；偶尔诉诉苦，有可能也会有人对这样的你心生怜爱吧。但人一旦认为"我必须要怎样怎样"，就会失去这些灵活的思考方式。

思维方式一旦不灵活，当人感到压力的时候，内心就会很轻易地咔嚓一声崩溃，陷入抑郁的状态中去。

第1章 让你"因缺乏自信而产生的焦虑"转眼消散

为了找回自己内心的灵活性,不让自己无谓地丢失信心,如果你察觉到自己在考虑"必须怎样怎样"的时候,换个说法再说一次,"要是能做到就好啦"。

"我必须把工作做到极致"换成"要是能把工作做到完美就好啦"。

"我必须在学习新东西上一直都取得好成绩"换成"要是在学习新东西上能一直取得好成绩就好啦"。

"我必须把家里收拾得井井有条"换成"要是能把家里收拾得井井有条就好啦"。

"我绝不能向别人诉苦"换成"要是能不用跟人诉苦就好啦"。

也就是说,"要是能做到自然好,但即使没能做到,嗯,也行啊!"

只要不追求完美,就不会受到压力的困扰。

这样,你也就不会去毫无意义地厌恶做不到尽善尽美的自己了。

如果你降低目标难度,允许自己在心态上有"松懈的地方",那么内心责备自己的声音就会渐渐地消失不见了。

 试着用"要是能做到就好啦"的想法去降低目标难度。

当你眼里只看得见自己缺点的时候

从人类的本性上来说,我们无论如何都会比较关注自己的"不足"。

举个例子来说,当我们看到下图中像图A那样的"圆",以及像图B那样的"有缺口的圆"时,我们会不由得更在意图B,而不是图A,而图B中有缺口的那个部分会抓住你的眼球。

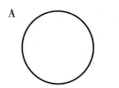

这一点跟人在审视自身时的情形一模一样。

一旦发现自己什么地方有不足,就会在心里越来越在意那个地方。

诸如"自己学习力不强""性格固执"或是"消极保守",等等。

然而事实上,在像图B那样不完整的部分里,隐藏着很多的优点。

比如"温柔""认真""有同情心""性格开朗""谨慎""有很强的好奇心""喜欢逗人开心""有喜欢做并一直坚持做的事",等等。

明明自己身上有很多的优点啊。但就算如此,人却还是只盯着自己不足的地方。

那么,我们要怎样做,才能把注意力专注在自己的优点而不是缺点上呢?

简单的做法就是用"加分法"而不是"减分法"去看待自己。

不是"我干不了那个",而是"我能干这个";不是"我没有那个",而是"我有这个",要让自己养成列举你所"拥有的",而不是你所"没有的"事物的习惯。

为了做到这一点,让我们先试着把自己的优点列出来。如果你不知道自己有什么优点,你也可以问问身边的人。

当把自己的优点以可见的形式列出来之后,你会变得兴奋起来,"哇,我这不是还有挺多不错的地方嘛!"

如果你不知道自己有哪些优点,那就请你试着写出自己会做的事情。

诸如"我会做饭""我能认真地听人说话",或是"我成功地完成了那个项目",等等。

瞧瞧,还真不少呢!

如果你用"减分法"去数自己干不了的事情,就会无谓地伤害自己的自尊心,但只要你用"加分法"去列举自己会做的事情,就会一点点地变得越来越自信。

在我们的大脑当中,我们有意识盯着看的地方会不断增强其存在感。

所以,如果我们能够做到用"加分法"去关注自己的优点,就会慢慢地不再在意自己的缺点。

这样一来,"有缺口的圆"才会一步一步地去接近一个完整的、纯粹的"圆"。

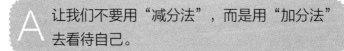

第1章 让你"因缺乏自信而产生的焦虑"转眼消散

当你不管做什么事情都没有自信的时候

大概是有压力的缘故,大多数患有恐慌或抑郁症状的人都爱吃甜食和碳水化合物。然而,甜食和碳水化合物中含有的大量"糖分",会导致恐慌和抑郁的症状进一步恶化。因为人一旦摄入大量糖分,血糖值就会忽高忽低,并且引起昏昏欲睡、注意力不集中、焦躁和情绪不安等症状。

因此,如果想要控制病情,就有必要最大限度地控制糖分,多多摄入能够充当替代能量源的蛋白质。

另外,吃东西的时候顺序也非常重要。按照"蔬菜"→"蛋白质"→"碳水化合物或糖分"的顺序进餐,能够有效防止血糖值发生紊乱,对稳定情绪也很有作用,所以我建议这样做。

除此之外，我建议甜食吃得多的人最好认认真真地摄入一些B族维生素。

人一旦吃了很多甜食，身体内的B族维生素就会对其进行代谢，但实际上B族维生素是制造被称为"幸福荷尔蒙"的血清素所必需的养分。因此，如果吃了大量甜食，导致体内的B族维生素出现不足，人就会因缺乏血清素而较容易抑郁。

因此，请那些没办法戒掉甜食的人在早、中、晚用餐之后，每次服用50mg的B族维生素。这样一来，恐慌或抑郁的症状会逐步得到改善。

我请一位来我的诊所就诊的高中生在接受心理咨询的同时，控制糖分并服用B族维生素，这位高中生原本因抑郁而缺乏专注力和干劲儿，成绩在班上垫底，但半年之后居然实现了名列前茅！正是通过改善饮食习惯，这名高中生恢复了自己原本具备的专注力！

还有一点，很多患有恐慌或抑郁症状的人，肠道环境似乎都不太好。

一般来说，抑郁症患者体内的血清素分泌量比较少，而百分之九十的血清素都是在肠道内合成的。因此，肠道环境一旦恶化，便制造不出作为幸福荷尔蒙存在的血清素，其抑郁的症状就会越来越重。

人的心情一旦苦闷，就会变得胆小怯弱，也会失去自信。

所以，很难产生自信的原因有可能是出在肠道环境上。

为了改善肠道环境，在此我推荐几种食用"油"。

首先是MCT油。这是一种从椰子油或棕榈油中单独提取中链脂肪酸甘油三酯形成的油，具有平衡肠道内细菌及修复黏膜的功效。每天服用加入了约15毫升MCT油的蛋白质饮料或汤饮，肠道内的环境就会逐步得到改善。但请注意MCT油不能单独饮用，会比较容易引起腹泻。

另外，我还推荐富含多元不饱和脂肪酸的亚麻籽油或胡麻油。

这一类油参与了肠道内合成的血清素在大脑中的传送工作。人类的大脑百分之六十是由脂肪构成，而血清素就是通过这些脂肪运输到所需的地方去。不过，如果大脑中脂肪的质量不好，运输就会不顺畅，血清素就不能很好地发挥作用。因此，就有必要每日摄取优质的富含多元不饱和脂肪酸的油。你可以每天做菜的时候用上一小勺（约15毫升）。

我之所以对营养疗法产生了兴趣，是源于我在日本营养疗法的领军人物沟口彻先生的诊所曾接受过咨询。从那以后，在我的诊所里，除了向来访者提供通常的心理咨询之外，我还对有兴趣的人提供营养疗法，在改善恐慌或抑郁症状方面取得了意想不到的效果。

如果你摄入糖分过多，或担心自己肠道环境恶化，不妨试着重新改变一下自己的饮食习惯。

 尝试改变自己的饮食习惯。

第1章 让你"因缺乏自信而产生的焦虑"转眼消散

专题

只要自己认可自己,心情就会变轻松!

容易陷入抑郁的人的思维方式有一个特征。

那就是他们倾向于否定自己,认为"自己不行"。

结果呢,在他们眼中周围的人都特别优秀,会觉得别人行,而自己却不行,转眼间就丧失了自信。

这种状态一旦持续较长的时间,人的情绪就会彻底变得消极。

发展下去就会觉得"我自己不行,别人也不行,世上的一切都没用"。

那些光是活着就感到痛苦不堪的人,看待事物的方式就成了这个样子。

那么,如果要谈人在什么样的状态下最容易活下去,那就是在心里认可"我自己不错,别人也不错,大家都不错"。

如果你能像这样对自己和周围的人都予以肯定,那么不满就会消失,拥有和抑郁没有半点关系的良好精神状态。

能够达到这一境界的关键在于,在认可他人之前,先去认可自己。

自尊心弱的人,一旦先认可他人,往

往就会不可避免地去贬低自己，觉得"那个人挺优秀的，跟人家一比我却……"但是，如果先认可了自己，就会水到渠成地想到"我也不错，别人也不错，大家都不错"。

因此，最重要的就是首先认可自己。

我在第1章里讲述了很多旨在实现这一目的的方法。

虽然也有很多人会担心"认可自己这事儿，总让人觉得好像是在纵容自己。我会不会变得很任性啊？"不过请放心好了。

如果你能够允许自己有所松懈，也就不会去在意他人的疏忽。

这样一来，你会成为一个能容忍他人的人。不是变得自私任性，而是成为善待他人的"自己"。

即便如此，如果你还是觉得"很难一下子做到认可自己"，那么请你在意识到自己在指责自己的时候，试着在心中念诵下面这些话。

"我要原谅我自己逼自己。我要原谅我自己。我要原谅我自己。"

"我原谅了我自己逼自己。我原谅了我自己。我原谅了我自己。"

原谅自己的苛刻，会让你慢慢地能够去认可你自己。

这里顺便说一下，偶尔也会有人认为"自己之外的人都是傻瓜"，但这是一种以蔑视他人的方式来试图抬高自己的表现，说到底还是对自己没有信心。

这种类型的人如果也坚持做第1章中介绍的各种训练方法，会让自己的心里多出一些从容。

第 2 章

让你"在人际关系上产生的焦虑"转瞬即逝

和自己不擅长打交道的人交往也好,
和咄咄逼人的人相处也罢,
说起来奇怪,
但凡你懂得一些小技巧,
就能够轻松实现和他们的交流。

当你因跟人打招呼却被忽视
而感到沮丧的时候

明明特意跟人打了招呼,对方却视而不见……

这种时候,谁都会感到不安吧,心想"对方没理我?是不是讨厌我啊?"或者"莫不是我做错了什么事儿吧?"

不过,如果你想不出什么线索,那就不要去过多地解读对方没有回应你的原因了。之所以这么说,是因为导致对方情绪不佳的原因,并不一定都跟你有关系。

平时就容易感到焦虑的人,往往会有什么事情都"往自己身上联想"的倾向。

所谓"往自己身上联想",指的就是认定自己是所有负面事情的起因。

喜欢"往自己身上联想"的人,甚至连天气不好这种事都要怪罪到自己的头上。

你是否也有过这样的想法呢?比如说"我自带招雨体质",或者"因为自己平时的行为不端正,所以才会惹得老天爷在这么重要的日子里下雨"。

不过,只要冷静下来想一想,哪里会有个人的言行能够左右天气变化这种耸人听闻的事呢。然而,一旦人的内心感到焦虑,就会认为自己是导致坏事发生的根源。

跟人打招呼这种事情也同样如此。

上司没有对你打招呼做出回应,也许是因为他在家跟太太吵了架,这时候正心里烦着呢;也有可能是正担心着部门的业绩,顾不上搭理周围的人。

你的伴侣没有回复你,也许是因为身体不舒服,没办法搭理你;也有可能是和朋友闹了矛盾,这时候正郁闷着呢。

实际上,你所打交道的对象,他们有很多情况都是你不知道的。

因此,如果你心里想不出什么线索,那就极有可能是因为一些其他的原因。

虽然对方应该是出于某种原因才没有回应你，但具体原因是什么，你若不问对方就无从知晓。

将自己不知道的事情，自作主张地和自己扯上关系胡思乱想，从某种意义上来说，是一种自我意识过剩。

所以，当你因对方没有回应而认为是自己有什么错的时候，记得跟自己吐槽一下自己："不不不，没有这回事儿，那人没有总惦记着我的道理，我这纯属自我意识过剩啊！"

想到这儿你还会觉得有些难为情吗？对方没有回应这事儿，你压根儿就不会再去在意了。

> **A** 不要特意去把别人的坏心情和自己联系在一起。

当你因觉得遭人嫌弃而感到焦虑的时候

除了跟人打招呼没被搭理之外,有时候还会有在闲谈或是跟熟人的眼神交流当中,感觉到自己有可能被对方嫌弃而感到焦虑的情况。

不过,只要你想不出自己做了什么错事,那么这一类情况也同样大抵都是自己往自己身上对号入座而产生的臆想。也就是说,是一种错觉。

就算你自己明白这一点,但一旦陷入到"也许对方嫌弃我"的消极心态当中,就很难从中摆脱出来。

在这种情况下,请借助"思维定式犬"的力量,试着去想象出下面这样的画面。

在你的大脑中养着很多只狗。

这里的"狗"指的是你的"思维定式"。

比如说,你总是会觉得"自己没有错",或是无意识地觉得"我这人没什么用",等等。

不管是谁,都会有几个这样的"思维定式"。当然你也并不例外。

我们将这些思维定式分别看作是一只只的小狗。

就好比是把"自己没有错(即我是对的)"的惯性思维视为"正义犬",把"我这人没什么用"的惯性思维视为"投降犬"这种感觉。

按照这种想象,那么倾向于认为自己"可能遭人嫌弃"的人,就等于是在大脑中养了一只"可能遭人嫌弃的小狗"。

当这样的你无缘无故地感到自己"可能遭人嫌弃"的时候,你就想"啊,现在我大脑里那条可能遭人嫌弃的小狗正在跟我闹腾呢"。于是,你会一下子清醒过来,认清"现在只不过是我的思维定式在捣鬼"的事实。

接下来就很容易了,你轻轻地抚摸你大脑中那条"可能遭人嫌弃的小狗",安抚它"没事儿,没事儿",让它回到自己的狗窝去。

只需做到这一点,"自己可能遭人嫌弃"的焦虑就会转瞬消逝。

接下来只要再请大脑中的"鼓励犬"登场，给自己打气说"我有如此吸引人的优点，我完全可以有自信啊"，那就最完美不过了。

顺便提一下，这种将自己的负面心态比喻为各种"犬"并对其加以控制的方法，是由心理学家伊洛娜·博尼维尔博士设计出来的。

伊洛娜博士将人的消极的思维定式分为"正义犬""批判犬""投降犬""忧虑犬""内疚犬""放弃犬"和"漠不关心犬"等七个类型，提出了这些思维定式并不是人与生俱来的性格特征，通过将其视为"只不过是住在自己内心的一只小狗"的做法，会较为容易去加以控制。

（"可能遭人嫌弃的小狗"的内容是我在上述理论的基础上进行的改编。）

你才是自己的思想和情绪的主人。

让我们好好地认识到内心各种"犬"的存在，并对它们什么时候出场进行管理。

A 在心里想象出"可能遭人嫌弃的小狗"正在闹腾的画面。

Q10 当你感到自己"容易被人欺负"的时候

非常遗憾的是，的确会有一些人比较容易被人欺负。

然而，有时候可能是容易被人欺负的人自己向外界显示出"请你来欺负我"这样明显的迹象。

迹象之一就是他们"耷拉着脑袋，一副惴惴不安的样子"。

"可是我紧张也是没法子的事啊，因为我对自己没有信心啊……"

也许你也曾经是这么想的吧？

然而，这种想法有可能是把因果关系给搞反了。

也许并不是因为没有自信（原因）才导致你惴惴不安（结果），反倒是因为你惴惴不安，才使得自己没了自信。

作为印证，一旦你挺直腰杆，表现得不卑不亢，之后的行动就会发生非常有趣的变化。

为了体验这一变化，我自己曾经参与过和"萨提亚类型"相关的训练活动。

"萨提亚类型"是由美国心理治疗师维琴尼亚·萨提亚开发的一种分类法，将人的表情、动作、声音等非语言信息按照人物形象来进行分类。

这些类型共分为"讨好型""指责型""超理智型""直爽型"和"打岔型"五种。每一种类型都有其特有的身体语言和说话的语气。

虽然我在这本书里不对"萨提亚类型"做详细说明，但在我开展的训练活动当中，参加者们被分为两人一组，轮换体验"讨好型"和"指责型"的角色。

扮演"讨好型"角色的人需要做的是将手心朝上，微微低着头说话。所以他们得唯唯诺诺地做出一个蹲伏在地上那样的蜷缩姿势。

扮演"指责型"角色的人要挺直脊背、抬起下巴、用手指着对方说话，所以得摆出一副威吓对方的姿态。

这样一来，会出现什么情况呢？

首先,在扮演"指责型"角色时,当他们一开始蔑视对方、用手指着对方说话,就会压抑不住地产生攻击对方的冲动。即使是在说到"我喜欢喝红茶"这种话题的时候,也会不管三七二十一地责备对方停不下来:"我喜欢喝红茶,你倒是懂还是不懂啊?我怎么说你好呢,为什么你没在这儿把茶给我备好啊!"

与之相反的是,在扮演"讨好型"角色时,他们刚一蜷着身子说话,就会陷入到低三下四的情绪里,一个劲儿地向人赔礼道歉:"我确实很喜欢红茶。真的非常抱歉。像我这种人还说自己喜欢红茶,真的是对不住您。"他们虽然嘴上没说,但态度已表明了一切——"错都在我,请您大骂我一顿吧!"

明明人本身并没有变,但根据自己采取的不同态度,使得自己的心情和态度也都发生了一百八十度的转弯。这可太让人吃惊了。

人如果耷拉着脑袋,言行举止也会变得软弱无力,从而诱发对方对自己进行攻击。

那么,该如何做才好呢?你首先需要做的就是改变自己的姿势。

虽然模仿"指责型"角色的姿势有些矫枉过正,但必须做到挺直腰板、干脆利落。

事实上,哈佛大学的社会心理学家艾米·卡迪博士等人的研究表明,当人表现出端正得体的姿势时,体内"睾酮"这种激素的分泌会增加。

睾酮是一种能够提高人的决断力、积极性和攻击性的激素。

也就是说,只要做到了挺直腰板、端正得体,就能让人精神抖擞。

如果你不想再做一个惴惴不安的人,那么就请试着挺直自己的腰杆吧!

 挺直腰杆、端正得体。

当你因似乎被人觉得跟你说话索然无趣而焦虑的时候

在不擅长交流的人当中，有不少人因为担心"万一我说了什么不合适的话，被人觉得是个无趣的家伙可怎么办"，而变得缄口不言。

遇到这种情况，就让我们试着使用"谢谢""我很开心""您帮了我的大忙"这些有魔力的词语去积极主动地和人说话。

这些都是向人表达谢意的词语。人在被人感谢时都会很开心，所以就会产生和向自己道谢的人之间"相处非常愉快，还想再聊一聊"的想法。

事实上我原本也是个不善言辞、不太会表达自己情绪的人。因此，过去我很难跟人说出"我很开心"或是

"您帮了我的大忙"之类的话。

不过，在我以前开设讲座的大学里，我向在大学的工作人员说"谢谢您帮我复印了资料，真的是帮了我的大忙，太高兴了"，当我变得有意识地去使用这些有魔力的词语之后，我发现自己能够和更多的人进行轻松的交流，我在工作环境中的感受也变得舒服了许多。

顺便聊句题外话，是一位心理学的老师向我传授了这些魔力关键词，好像老师在家里对自己的太太也正积极地使用着这些词语呢。听说从那以后，老师家里的关系可是大为改善哟。

> **A** 用"谢谢""我很开心""您帮了我的大忙"这些表达来让对方开心。

Q12

当你担心要和自己不太擅长打交道的人说话的时候（1）

在你和自己不太擅长打交道的人说话的时候，既提不起什么交流的兴趣，又会带着些防人之心，对吧？

对方也会察觉到这种氛围，彼此之间的态度都很尴尬。

无论过去了多长时间，心理上的"那堵墙"却都一直还在。

如果你担心出现这样的局面，那就请你率先把你和对方的心连接起来。

首先，请在你自己和对方胸口的位置上，分别想象出心的形状。

接下来，想象出你的心和对方的心连接在一起的画面。

怎么样？是不是感觉对方突然一下子离你近了很多呢？

在这种状态下，当你抱着向对方倾诉的目的去说话时，你对对方的防范之心会很神奇地烟消云散，从你的身上散发出友好的气息。

这份友好的气息会一点一点地传递给对方，对方也会渐渐地放松下来。

等你意识到的时候，发现自己已经和对方在开开心心地谈话了。

 想象出对方和自己内心连接的画面。

第2章 让你"在人际关系上产生的焦虑"转瞬即逝

当你担心要和自己不太擅长打交道的人说话的时候（2）

在你和自己不太擅长打交道的人说话的时候，还有另外一个非常有效的方法。

那就是在心里把对方想成自己"十多年来的好友"，再开口说话。

要是对方是自己的老相识，那就能如释重负地跟人说话，对吧？

人际关系就跟镜子一样。如果你表现放松，那么以此为镜，对方也会渐渐地松弛下来。因此，如果你像对待十多年来的好友那样去跟对方打交道，大多数情况下对方也会对你做出同样的回应。

另外，如果对方是一个让你棘手到没办法将其设想成老友的人，遇到这种情况，比较好的做法是提前在心里对自己不太喜欢对方的地方进行认知重组，找到对方的长处。

认知重组指的是从其他的角度去看待事物，并从中发现自己所期望的状态。

比如说，从"执拗"中看出"顽强"，从"顽固"中看出"执着"，从"任性"中看出"有自己的主张"，从"性急"中看出"反应敏捷"，从"动作慢"中看出"小心谨慎"，从"不修边幅"中看出"不拘小节"，从"优柔寡断"中看出"深思熟虑"，从"胆小怕事"中看出"先人后己"，等等。

用这种方式将对方的弱点当作长处去加以重新审视，当你想到诸如"虽然那个人说话时用词有些苛刻，不过这一点也意味着他对待工作很认真，对吧？"或是"虽然那个人似乎有些敷衍了事，但或许他就是个不在事情上斤斤计较的豁达之人呢？"等想法的时候，你就不会那么强烈地感觉对方不好打交道了。

这样一来，把自己不擅长打交道的对象想成是自己"十多年来的好友"这事儿，大概也就不难了。

这里顺便说一下，一旦你记住了"认知重组"的方法，你就能够对自己的短处和长处有一个清晰的认识，所以自己责备自己，把自己搞得垂头丧气的情况会越来越少。如果你有动不动就贬低自己的毛病，就请一定要记住这个技巧。

> **A** 说话时把对方想成自己"十多年来的好友"。

当你因身边有人情绪焦躁
而变得缩手缩脚的时候（1）

有的人貌似总是心情不好，你的身边也有这样的人吧？

要是碰上这个人是自己的家人或伴侣，或者是你的上司，那可就太伤脑筋了，对吧？

即使你不想受到他们的影响，但人只要身处同一个空间里，就会互相产生影响。

为了避免受到他人负面情绪的牵连，连你自己也变得烦躁不安或是缩手缩脚，请一定尝试一下下面这个方法：

① 想象在你和对方之间有一层透明的钢化玻璃。

② 在自己心里默念"我有这块玻璃保护着，我没事儿，我不会受到影响"。

③ 意识到自己被盾牌保护着,自己没有危险。

因为在你和对方之间有一个强大的保护层,所以对方的坏情绪传不到你身上。

安下心来,就和往常的你一样去跟对方说话。

这时候不必在意对方的反应。如果你一旦在意,会让处在坏情绪中的对方觉得"这个人好像会顺着我的意",而越发采取情绪化的态度。

不把对方的坏情绪放在眼里,保持自己的内心平稳才是正解。

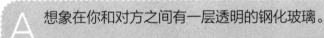

A 想象在你和对方之间有一层透明的钢化玻璃。

当你因身边有人情绪焦躁
而变得缩手缩脚的时候（2）

在上一节中谈到的方法之外，还有一个能够让你即使是在情绪焦躁的人面前，也不会变得顾虑重重、缩手缩脚的方法。

这个方法就是把"情绪焦躁的人"当作"有难处的人"来看待。

实际上，所谓情绪焦躁的人，他们的内心都处于歇斯底里的尖叫状态，想着"为什么不能顺着我的心意来啊？！"

举个例子来说，有个人明明付出了努力，工作或学习的成绩却并没有提高。

尽管如此，这个人的上司和家人却不理解他，总是一味地冲他发火。

因此，如果碰到情绪焦躁的人，我们就这样去看待他——"这个人一定是遇到了困难啊"，或是"这个人有什么麻烦事儿吧"。

这样一想，你会觉得对方"看起来似乎挺不容易"，对其泛起了同情心，便不再觉得对方可怕了。

因此即使对方的情绪焦躁不安，你也能够极其正常地和他打交道。

实际上，情绪焦躁的人也会很感激你表现出的这种态度。

因为情绪焦躁的人会被身边的人觉得不好接近，大多没什么朋友，所以能有一个人不躲避自己，仅仅这一点就已经是难能可贵了。

面对焦躁泰然处之的态度，也许最终会拯救那些焦躁易怒的人。

> A 把"情绪焦躁的人"想成是"有难处的人"。

当你因害怕被人讨厌
而不敢说"不"的时候

在来我的诊所做咨询的人当中,有一位女士特别不会跟人说"不"。

虽然她经营着一家花店,但当有熟人找她帮忙,即使是自己很忙的时候她也没办法拒绝,总是削减自己的睡眠时间忙着店里的业务和被别人委托的事儿。

因为这个原因,她没能得到充分的休息,身心都撑到了极限。最终因抑郁状态来我的诊所就诊。

对她来说,需要做的当然是跟人说"不"。

"不过,要是我拒绝了别人的请求,会招人讨厌,还有可能会被人认为我这个人没能力,所以我没办法开口说'不'啊……"

我想，和这位女性有着同样想法的人一定会有很多吧。

但这种想法其实是一种误解。

就算你跟人说"不"，既不会招人讨厌，也不会被认为无能。

原本从请人帮忙这一方的立场上来看，通常情况下他们的心情大抵就是"如果对方答应帮我的忙，那就太感谢了，但若是对方不答应，也是没法子的事"。

所以，即使他们遭到了拒绝，差不多也只会觉得"啊，是吗，那太遗憾了"。根本谈不上因这件事情对你"喜欢"或"讨厌"。

不过，如果是在工作中发生这种情况，估计就会有上司或同事冲你生气——"明明有规定的完成期限，你不同意干算怎么一回事！"

然而，要是你勉强把工作承担下来，之后再弄出麻烦，那就真成问题了。与其如此，不如从一开始就拒绝，或是找人帮忙，这些做法才称得上是"有能力"的表现吧。

因此，当你干不了某件事情的时候最好跟人说"不"。

那么，我们怎样做才能学会说"不"呢？

我的建议是事先对该事情做情景模拟。

这样一来，跟人说"不"就毫无疑问会变得容易很多。

为了做到这一点，使用"IF THEN计划"应该会很不错。

"IF THEN计划"指的是哥伦比亚大学商学院的社会心理学家海蒂·格兰特教授倡导的一种以达成目标为目的的方法。

IF THEN的意思是"如果出现了此种情况，那么……"

事先决定好"如果出现了A情况，那我就采取B行动"的做法，就是IF THEN计划。

比如说，提前决定好"如果早上起床天气晴朗的话，我就去慢跑"，或者"如果我六点能下班，就一定去健身房"，等等。

根据格兰特教授等人的研究，仅仅只是利用"IF THEN计划"提前决定好自己应该做的事情，就能够使成功率提高两至三倍。

所以，对于那些说不了"不"的人，就请利用"IF THEN计划"事先决定好自己"碰到这种情况就拒绝"吧。

成功的关键在于要把自己拒绝别人时说的话都具体地明确下来。

比如说，如果在自己忙得不可开交的时候被要求做某项工作，就用"要是我现在答应下来，极有可能会出错"来拒绝；如果被人邀请去参加你不感兴趣的消遣活动，就用"我这个月手头挺紧"来拒绝；等等。

通过在自己的大脑中一遍又一遍地做好情景模拟，一旦到了紧要关头，就能不拖泥带水地一口回绝。

这种时候如果再加上一句"谢谢你想到把工作交给我"或是"谢谢你邀请我"，被拒绝的人就不会因此感到不愉快，而拒绝别人的人也不会那么尴尬哦。

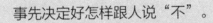
A 事先决定好怎样跟人说"不"。

当你看别人的脸色
去行事的时候

　　那些容易被他人的评价所左右的人，由于过分在乎周围人对自己的看法，往往会按照别人的意愿去说话和行事。

　　尤其是当他们看到火冒三丈或焦躁不安的人时，恐惧心理会先冒出来，担心"那个人可能会对我生气"或"我可能会惹人烦"，而倾向于主动去做一些自己并不想做的事情。

　　为了防止出现这种情况，你需要做的便是照顾好自己的情绪，而不是讨好他人。

　　如果你发现自己被面前这个人的态度弄得心神不宁，请你不要被对方的愤怒和焦躁情绪分神，要把注意力转移到自己身上，去做一些让自己开心的事情。

比如说，为自己泡上一杯香气怡人的茶，或是尝一尝自己喜欢的点心。我觉得看看自己喜欢的明星的视频也非常不错。

当你以这些方式让自己保持住好心情，那么"情绪一致性效应"的作用会让你不再在意对方的坏情绪。"情绪一致性效应"指的是人会将注意力集中在与自己当前情绪相似的事物之上的一种心理现象。这种现象会让人在高兴的时候更容易发现积极正向的事物，而难过的时候，只会留意消极负面的东西。

因此，让自己保持好心情，就能够不受他人负面情绪的干扰，坦率地表达出自己的感受。

另外，在表达自己的感受时，试着对对方有所期待也是一个好主意。

之所以这样说，是因为人类具有一种被称为"皮格马利翁效应（即教师期望效应）"的心理倾向，会希望达到预期的效果。

你是否曾经被别人夸赞"很和善"，于是自己也就真的变得温和起来了呢？当人被寄予期望，就会想要做出回应。人类都有这样做的倾向。

因此，当我们看到火冒三丈或烦躁不安的人，就试着对他们抱以正向的期待，比如"这个人原本是个很和善的人"，或是"这个人平时挺开朗的，还很有同情心"。

只要你自己心情愉快，就很容易做到这一点。

你的一份情绪、一份期待，对方的反应也会随之发生变化。

与其讨好他人，不如照顾好自己的情绪，这样才能皆大欢喜。

 照顾好自己而不是他人的情绪。

当你因"初来乍到"
而感到焦虑的时候

谁都会在去一个新地方的时候感到紧张吧。

再加上心里想要给初次见面的人留下一个好印象,就会情不自禁地说出一些想让自己形象高大的话,或者正好相反,心里想说的话一句也开不了口就打退堂鼓了。

对于那些感叹"对对对,总觉得很尴尬"的人,我希望你们一定要试一试"根植大地"的静思练习。

"根植大地"是静思法的一种,旨在让人形成冷静稳定的状态。通过这种方法,不知不觉间建立起一根贯穿全身的"定心轴"。

当你有了这根"定心轴",就不会再产生动摇。这样一来,你就能够做出忠于自己内心的回答,而不是被周围人的反应所左右。也就是说,你会变得放松,保持自己的本色去和别人交流。

"根植大地"的静思的练习方法：

① 闭上双眼，做三次缓慢的深呼吸。

② 想象在肚脐下四指的丹田之处有一个能量球。

③ 想象这个能量球缓缓下降，和位于地球中心的岩浆实现能量连接。

④ 想象这个能量球从岩浆处向上升起，通过丹田，冲出头顶，和宇宙的"能量"实现连接。

⑤ 想象这个能量球从上空落下，归于丹田之处。

⑥ 做三次缓慢的深呼吸，然后睁开双眼。

每天早上坚持做"根植大地"的静思练习，你为人处世中顽固和怯懦的部分会从态度上逐渐消失，更容易交到知心朋友。另外，由于你不再轻易受到周围环境的影响，所以在着手学习之前，专注力就会大大提高，也能以胸有成竹的态度去在众人面前进行展现。

建立起自己的"定心轴"，顺其自然地和外界打交道。

保持自己的本色才是能够让你建立起舒适的人际关系，以及发挥出自身实力的最佳捷径。

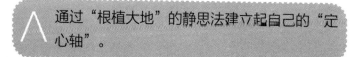

通过"根植大地"的静思法建立起自己的"定心轴"。

第2章 让你"在人际关系上产生的焦虑"转瞬即逝

当你因站在众人面前紧张而感到焦虑的时候

举个例子来说,当人们在一个新地方需要介绍自己的时候,很多人都会说"我好紧张,自我介绍这事儿我做不好"。

遇到这种情况,请事先在心里设想出一个"闪闪发光"的自我形象。

想象你的身体由内向外迸发出耀眼的光芒。人们为之惊叹到屏住呼吸,无法将目光从你身上移开。从你的身体里源源不断地迸发出耀眼的光芒……

当你想象出这样的画面时,你会自然而然地变得高兴起来。

如果你真的体验一次这种想象,你就会感觉到似乎有一道光照进了你阴郁的心田,消极的事物全都冰消瓦解,整个身心都得以净化。

在不经意间,你的内心也一定会泛起些许的自信,不再害怕站在众人的面前。

那么,为什么会出现这种现象呢?

事实上,我们人类的大脑可以连接"现实"和"想象"。

作为一项佐证,生活中即使我们并没有吃腌制的梅子,但只要想象一下吃腌梅干的画面,就能让人一下子流口水。这是因为仅仅通过想象,人的大脑就受到了和真正吃了腌梅干同样的刺激,向身体发出了"流口水"的指令。

这就是"意象训练"会起作用的原因。

 想象出一个闪闪发光的自己。

第 3 章

让你的"惶恐不安"
瞬间平复

被人逼到走投无路,浑身动弹不得。
你不知道自己该怎样做才好。
本章介绍的就是在这种时刻,
能够让你瞬间恢复平静的众多技巧。

当你冷不防被人训斥，
担惊受怕到想哭的时候

要是我们突然因为一些自己想都没想过的事情被别人大吼一通，任谁都会感到焦虑并且陷入恐慌吧。

"你在干吗？""你得给我个说法！"我们被这些狠话劈头盖脸地骂一顿，大脑里一片空白，浑身颤抖，眼泪也忍不住要流下来。

遇上这种情况，我们就背着那位冲我们生气的人去照照镜子。一照镜子，就能够很快地从旁观者的角度去审视自己。

"啊！我现在脸好红啊！"

"坏了坏了，我这眼睛红红的，会被人看出来我要哭了啊。"

这样一想，你就能够快速地恢复内心平静。

而且，当人在照镜子的时候，会因为想要在镜子中看到理想中的自己，而下意识地展现出自己最有魅力的样子。因此，照着照着面部表情也会自然而然地变得从容，心情也会随之舒缓下来。

听说在投诉业务较多的呼叫中心，为了让接线员们能够看见自己的表情，会在专门有些地方安装上镜子。

对于那些认为自己"容易恐慌"的人，请在你的抽屉里放上一面镜子，以确保随时都能观察到自己的表情。

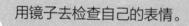
用镜子去检查自己的表情。

当有人对你唠叨，这份压力让你感到痛苦的时候

明明仅是被人训斥一番就够烦心的了，要是对方再喋喋不休地说下去，你就会愈发觉得被逼得走投无路，心中很是痛苦。

"我要是再继续听他唠叨下去，精神就快要崩溃了……"

在这种时候下，请试着在大脑里将对方吵死人的声音转换成米老鼠的声音。

对，就是在大脑当中转换成米老鼠那个独特的"搞笑嗓音"。

众所周知，最早担任米老鼠配音的人是米老鼠的创始人华特·迪士尼。由于他在配音时用了独特的假声，所以现在的米老鼠也继续沿袭了他的那种略显搞笑的说话方式。

要是那个对着你唠唠叨叨、吵吵闹闹的人，用米老鼠的嗓音说话会是怎样一幅景象呢？

不过，要是你咧着嘴笑，就会越发地惹对方生气，所以可要小心才是哦。

 给对方配上米老鼠的嗓音。

当你因焦虑而心脏怦怦跳个不停的时候（1）

即使你用了前面谈到的方法，也仍然还是会在被人训斥或受人威胁的时候，焦虑到心脏怦怦跳个不停，遇到这种情况，不妨提前弄清楚具有宁心安神功效的神门穴的位置。

神门穴是耳朵上方的一个穴位，和自律神经连在一起。

自律神经指的是对外界刺激做出反应，不以人体自身意志为转移，对身体的各项机能进行控制的神经系统。

要是人一直处于紧张或有压力的状态下，自律神经就会发生功能紊乱，即使是一些很小的事情，也很容易变得情绪激动，并且陷入恐慌。

不过，因为刺激神门穴能够使失调的自律神经恢复到正常的平衡状态，因此恐慌的情绪会平复下来。

当你感到心脏怦怦跳个不停的时候，请用拇指和食指捏住神门穴这个位置，朝斜上方拉伸，然后再松开。重复做这个动作三次。拉伸耳朵的时候，用你自己感到舒服的力度去拉就好。

只要平时注意按摩神门穴使其保持放松，你就不会轻易地陷入恐慌之中。

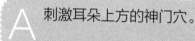

A　刺激耳朵上方的神门穴。

当你因焦虑而心脏怦怦跳个不停的时候（2）

当你想要得到比拉伸耳部穴位更立竿见影的效果时，就请你径直去洗手间洗把脸。只要洗一洗脸，狂跳的心脏就会自然而然地平静下来。

事实上，这种现象是哺乳动物具备的"潜水反射"在起作用。

潜水反射指的是人在屏住呼吸的时候，心率会下降的一种反射现象。

在水中不能呼吸的哺乳类动物在潜入水中的时候，就会反射性地闭上嘴巴、屏住呼吸。

由于一旦屏住呼吸，氧气的供应就会中断，所以向全身输送氧气的血液的流动速度也会慢下来。而这一现象正是负责泵血的心脏的跳动变缓所致。也就是说，心脏减速了。

即使只是把水溅到脸上，这一潜水反射现象也会发生。因为当水溅到脸上时，人会下意识地对自己说"得屏住呼吸"，所以脉搏自然而然地会变慢，怦怦跳的心脏也会平静下来。

在你洗脸的过程中，激动的情绪渐渐平复，随着你深深地长叹一口气，你紧绷的身体也会跟着放松下来。一旦卸下了身体上那些不必要的"武装"，你也就能够更容易进行建设性的思考，想到一些诸如"对了，我先找那人商量商量"之类的主意。

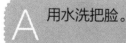
A 用水洗把脸。

当你因焦虑而心脏怦怦跳个不停的时候（3）

我这里还有一个通过调整呼吸，让怦怦跳个不停的心脏平静下来的方法。

我推荐的这个方法叫作"四点呼吸法"。

按照下面的步骤，缓缓进行深呼吸：

① 在你身边找到一个四方形的物体。在凝视该物体左上角的同时，缓缓吸气四秒钟。

② 将视线移至该物体的右上角，屏住呼吸四秒钟。

③ 将视线移至该物体的右下角，缓缓呼气四秒钟。

④ 将视线移至该物体的左下角，在心中默念"放松、放松、微笑"。

⑤ 将①至④的动作重复若干次。

事实上，这种方法也被叫作"箱式呼吸"，传闻还被列入了美国海军特种部队海豹突击队的训练项目当中。据说通过运用这种呼吸法，人在遭受极端压力或紧张的状态下，也能够保持冷静。

有一位掌握了"四点呼吸法"的来访者表示，他从这个训练中得到了"有这个方法在就没事儿"的安心感，因此陷入恐慌的次数也大大减少了。

如果你平时就练习这个方法，碰到紧急情况就不会再忐忑不安了。

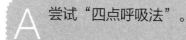
尝试"四点呼吸法"。

当你在做展现或面试之前，感到极度紧张的时候（1）

被人训斥的时候自不必说，当你在做展现或面试之前也感到紧张，想要缓解紧张情绪的时候，我这里有一个做起来简单、值得推荐的方法。

那就是"用固定的节奏拍打自己的胸口"。

拍打时要用你的手掌或指尖以比心脏跳动稍缓的节奏，一下一下地拍打。

这样一来，根据"夹带反应"，心脏会受拍打节奏的影响，逐步地放慢跳动的频率。而夹带反应指的是我们的身体所具备的一种生理现象，当我们感受到多种节奏时，会被其中更为稳定的节奏所吸引，并试图与之保持同步。

利用这一现象，从外部向心脏传递缓慢的节奏，心跳就会自然而然地平静下来。

一般认为，拍打胸口时大约两秒钟拍一下是比较合适的节奏。

由于在很多人面前时也能不动声色地做这个动作，所以记住它会派上用场。

 按照固定的节奏一下一下地拍打自己的胸口。

当你在做展现或面试之前，感到极度紧张的时候（2）

人在等待上台的那段时间里，会变得越来越紧张。

遇到这种情况，我们就试着"用语言来描述自己的状态"，以达到缓解紧张的目的。

对自己的状态做一个全面客观的观察，像讲解员那样进行实况直播，比如说"我的心怦怦直跳，掌心冒汗。喉咙发干，已经喝了好几次水了"。

说着说着，紧张的心情就会不可思议地渐渐平静下来。

出现这种现象，是因为人在做自我观察的时候，他的意识会自动地和身体分离。

这意味着什么呢？举个例子来说，当你所在的大楼发生了火灾，因为情形危险所以你肯定会非常恐慌，对吧？

不过,只要你冲出大楼,从离得较远的地方再去看,你就可以相对冷静地将其视作"别人的事情"。

换句话说,仅仅通过自我观察,就能在一定程度上把自己内心的紧张和焦虑看作"别人的事情"。而且,即使你身处其中常常对自己"不识庐山真面目",但如果你试着从旁观者的角度去审视自己,也就能够比较容易找到解决问题的"紧急出口"。

当你因陷入恐慌而寸步难行的时候,请一定试试这个方法。

 用语言去描述出此时此刻的内在自我。

当你想要不再因"反刍思维"
而忧心忡忡的时候

"为什么那时候我居然说了那种话啊?要是我当时换个说法就好了……为什么我这人这么不会来事儿啊?……说起来好像我之前也说过得罪那个人的话啊……"

人都有过像这样对自己曾经说过的话和干过的事后悔不已,陷入轻微恐慌的时候吧。

不仅如此,一次失败会引发各种消极的念头顺藤摸瓜似的一个接一个地冒出来,这些念头在脑海里盘旋,完全停不下来。

这种"在负性事件上反复纠结"的思考方式,在心理学上被称作"反刍思维"。

反刍指的是牛羊等草食性动物将已经吞到胃里的食物，重新由胃返回至口腔，并且再次咀嚼和吞咽的过程。也就是说它们会一遍又一遍地品尝同一种食物。

如果一个人放任自己进行反刍思维，那就好比是困在了一个深不见底的沼泽当中，没有办法摆脱消极的心理状态。受这种思考方式的拖累，人会变得总是很悲观，也有可能会引发抑郁症。

虽然反刍思维一旦开始就很难停下来，但有一种让人意想不到的简单方法能够阻止它。

当你意识到自己在进行反刍思维时，就请大声地拍手，拍出"啪"的声响来，并且对自己大喊"停下来"。只要这样做就可以了。

响亮的声响让你自己吓一大跳，反刍思维就此被打断，你也不会再去没完没了地回想那些让人焦虑的事情了。

在我忧心忡忡地对很多事情想太多的时候，我也会使用上面谈到的这个技巧。在我双手击掌合十的同时，周围的空气仿佛一下子会变得清朗起来，心情也自然而然地会振作起来，非常得不可思议。

我们不要错过这个转机，要打起精神专注在自己眼前应该做的事情上,并且立刻就着手去做。因为人一旦四肢活动,原本压在大脑上的负担就会转移到四肢上,大脑渐渐地清醒起来,阴郁的心情也会"雨过天晴"。

另外,"让自己尽量不去想"的做法会适得其反。

你越是试图不去想某件事情,它就越是会一直出现在你的脑海里。因此,正确的做法不是"尽量不去想",而是"通过做其他的事情去转移自己的注意力"。

A 大声地拍手,向自己喊停。

当你因无法停止"反刍思维"
而什么都干不了的时候

有很多人都是一旦开始"反刍思维",大脑里就会充满焦虑,什么事都干不了。遇到这种情况,"暂且不去管它"这句有魔力的话,能够将你的注意力从反刍思维当中分散出来,专注到你应该做的事情上去。

举个例子来说,假设你担心自己刚才的失误,开始在脑海里翻来覆去地想事情,导致你无法集中精神做眼前的工作。

你心想"大家都在生我的气吧……上周我才刚出过错啊……对呀,我感觉旁边部门的那个谁看我的眼神也好冷淡啊。他不会也讨厌我吧?唉,真是烦死了!……"此刻要记得在心里追加一句"不过……暂且不去管它……，我现在还是干工作吧"。

转眼之间，你就将自己的意识从焦虑的"情绪"转移到了"现在要干工作"这个"目标"上。

你能够通过"先不去管它"这句话，将焦虑暂时搁置起来。

因为人一次只能思考一件事情，所以当人专注于"工作"这个"目标"时，至少不会再被焦虑分心。在这段时间里，由于情绪慢慢地平复下来，因此也会产生一些冷静沉着的想法。

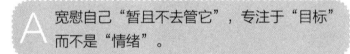
宽慰自己"暂且不去管它"，专注于"目标"而不是"情绪"。

当你因在两个事物之间很难抉择
而一筹莫展的时候

当人一旦陷入紧张和恐慌的情绪，就会变得对自己的选择没有信心，有时候自己无法判断在两种选择之间该选哪一个。感觉上就是"我该先做这边呢，还是应该优先那边呢"。

遇到这种情况，请试着用清单将两方的"优点"和"缺点"列出来。

这样一来，就变得出乎意料得简单，你会知道自己该选哪一个。

虽然列清单的做法过于简单，大家平时还真不怎么用，但只要你试一试，就能够非常顺利地做出选择。

比如说，当你对自己是该换个工作，还是继续留在当前的公司感到犹豫不决的时候。

当你只想邀请一个朋友,却不知道该向朋友A还是朋友B开口的时候。

如果你将两种选择各自的优缺点以"可见的形式"列出来,那么哪一种选择会更容易产生你所期待的结果,就很一目了然了吧。

这样一来,你就能够大大缩短自己烦恼的时间。

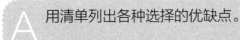
A　用清单列出各种选择的优缺点。

当你因不知道怎样做才对
而感到焦虑的时候

在你没时间的时候,却突然要被迫做出某个决定,此刻的你会惊慌失措,大脑里一片空白。

遇到这种情况,有一种方法能够让你毫不犹豫地决定自己该选择的道路,以及该采取的态度。

那就是试着想一想"我敬佩的那个人在这种时候会怎样做呢?"

这样一来,你就会马上很自然地想到诸如"如果是那个人,肯定会选择方案A啊",又或是"那个人不会当场做决定,会稍事休息一下再说吧"等解决问题的具体策略。

不仅如此,这些想法都是你心中理想人物做出的回答,也是你自己想要的理想答案。

拿我来说,在我很难决定自己该采取哪种态度的时候,我会想起教过我积极心理学的德国老师。这位老师虽然在工作上非常严格,但平时却是一位富有爱心、和蔼可亲的人。

当我借鉴老师的视点去思考问题的时候,很快就会想到一些诸如"总会有办法办成的,会没事的。不过以后最好要像这样去做哦"等激励人的话和具体的建议。这个方法让我受益匪浅。

如果你心里没有敬佩的人,那我觉得你也可以借鉴一下你自己喜欢的名人或是"完美小天使"之类的视点去思考问题。

因为当你用和自己不同的视角去把握状况时,思维方式会一下子得到拓宽,因此解决问题的办法会出乎预料地很容易就找到,或是你不再觉得需要处理的问题还是个问题。

 试着借鉴自己敬佩的人的视角去看待问题。

当你因不知道今后该怎么办
而感到焦虑的时候

在人不得不对诸如自己的发展道路和进退,以及跟谁打交道、又不跟谁打交道等这些会影响自己人生的事情做出选择的时刻,会因为想得太多而焦虑不安,不知道自己该选哪条路才好。

遇到这种情况,正如我在前文中提到的那样,试着借鉴自己敬佩的人的视角去看待问题是一种解决问题的方法,但还有另外一个方法能够让你更为轻松地做出通往自己理想未来的选择。

那就是"问一问十年后过着幸福生活的自己"。

我在提供咨询的时候经常使用这个方法,而体验过这个方法的大多数人都会在离开诊所时露出笑脸,表示

"我对自己应该前进的方向有了清晰的认知,已经不再迷茫了"。

请在一个没有其他人的安静的地方,按照下面的步骤体验一下这个方法:

① 想象出十年后的理想自己。十年之后,每天精神抖擞、开开心心过日子的自己是什么样的呢?住在什么样的房子里呢?家人、伴侣、工作、朋友、兴趣爱好等又是怎样的呢?请尽情地、随心所欲地展开想象。

② 融入到在理想的环境中过着幸福生活的未来的自己当中,试着去感受十年后自己身边的各种事物。你在家庭和职场时的心情如何?家庭和职场是否都宽敞明亮?家人、伴侣以及朋友们都穿着什么样的衣服,因为做什么事情而欢笑呢?他们在和你谈些什么?你和他们一起吃着什么食物?吃起来味道如何?闻起来香味如何?食物的温度如何?你喜欢去什么样的地方和做什么事情呢?请全方位地调动你的五种感官(视觉、听觉、嗅觉、味觉和触觉)去具体想象这些画面。

③ 让过着幸福生活的"十年后的我",给因为焦虑而感到迷茫的"现在的我"提一些建议。比如说"虽然现在看起来挺艰难,不过只要像这样去做就会没事儿的。

只要闯过了这个难关,就能到达光明的未来"。

怎么样?你有没有变得很开心了呢?

这个方法的优点在于从自己视为理想的角度出发,俯瞰当前的状况。你能够靠你自己去发现通往理想未来的一条大路。

没事的,你自己的幸福,你自己都明白。

即使你感到焦虑,有很多的迷茫,但问题的答案,就清清楚楚地写在你的心里。

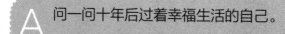
问一问十年后过着幸福生活的自己。

> **专题**
>
> 将『能够改变的事物』和『改变不了的事物』区分开

大多数因陷入焦虑而采取不了行动的人，往往会将"能够改变的事物"和"改变不了的事物"混为一谈，总是在那些自己改变不了的事物上忧心忡忡。

比如说，对于过去已经发生的事情。

人与生俱来的东西，以及出生和成长的环境。

他人对自己的评价。

疾病、伤痛和自然灾害。

这些东西都是自己控制不了的。

"为什么成了这个样子啊？"

"如果我当时那么做就好了……"

"要是我能有个不一样的出身……"

因为这些想法就算想了也改变不了，所以只会感到痛苦罢了。

那么，你此时此刻担心的事情，是你"能够改变的"吗？又或是你"改变不了的"呢？

始终试着将两者区分开这一点非常关键，能够让自己不至于卷入无谓的焦虑之中。

改变不了的事物就是无法改变。

不过，能够改变的事物也肯定存在。

那是用你自己的力量能够改变的事物。如果你发现了，就请你运用我在本章中讲到的各种技巧，安心地往前迈出一步。

哪怕只要往前迈出一步，看到的景色就会发生变化。

那些混沌阴沉的景色将最终消散在你的身后，进入你眼帘的是你以往从未见过的令人雀跃的全新风景。

［资料来源：《第五屠宰场》，库尔特·冯内古特著，伊藤典夫译（早川书房）］

第 4 章

让你心中"莫名的焦虑"
迅速消失

过去、将来、晚年的生活……
当你考虑到这些很难给出答案的事情,
就总觉得心里没有着落。
本章将向你介绍一些方法,
助你轻松摆脱不明原因的焦虑。

当你因一些不明原因的焦虑
而感到郁闷的时候（1）

有一个说法是"人类生活在焦虑当中"。

为了生存，人类越早发现焦虑就越有利。正因为如此，人类一直向着善于发现焦虑的方向在不断进化。

也就是因为这个缘故，当人们意识到这回事儿的时候，已经变得总是会从过去的糟糕经历或是尚未发生的未来当中去自寻烦恼，想着"要是变成那样我可怎么办……要是成了这样呢……"把自己的心情弄得一团糟。

意识徘徊在"过去"和"未来"之间，犹豫不决。

遇到这种情况，就让我们试着把注意力放在"当下"，而不是去关注令人不安的"过去"和"未来"。

为了做到这一点，需要调动自己的五种感官，将意识牢牢地放在自己此时此刻的感受上。

打个比方,假如你正在散步,你会有这样的感觉。

"哇,初春的嫩绿色好美(视觉)。我还闻到了从什么地方飘来的花香呢!"(嗅觉)

"啊,我听见了好可爱的小鸟的叫声!"(听觉)

假如你正在用餐,你又会有这样的感觉。

"这个碗手感光滑,摸起来很舒服啊!"(触觉)

"今天的米饭,越嚼越觉得甜呢!"(味觉)

"这个咖啡的香味,好治愈啊!"(嗅觉)

不要考虑其他任何的事情,只将注意力集中在"自己此时此刻正在做的事情"上。

于是,你的意识就会专注于"当下",而不去考虑过去和未来。

这样做会让你不再去担心那些现在没有必要担心的事情。

你会从对过去和未来的焦虑中解脱出来,心情渐渐趋于平静。

只要你调动自己的五种感官,坚持养成专注"当下"的习惯,那么你心中那些不明原因的焦虑就会减少,你就会重新焕发活力。

 调动五种感官,把注意力放在"当下"。

当你因一些不明原因的焦虑
而感到郁闷的时候（2）

当心里有一些自己琢磨不透、说不清道不明的焦虑，觉得心情不畅快的时候，让我们试着在纸上把自己多多少少有些在意的事情都写下来。

一条一条地列出来也行，只写一些词也行。要尽可能找一个安静的地方，把心里放心不下的事情一一写下来。

比如"我没钱""工资涨不上去""我挺羡慕某人""我觉得内心烦躁"，等等。

当你把心里的感受付诸文字，"啊，原来我心里堆积的都是这些事啊！"你就会弄清楚连你自己都没觉察的那些不明原因的焦虑的真相，对真相的认同会让你的心情趋于平静。不仅如此,将压在心里的焦虑一吐为快而获得的畅快感,会让你整个人都感到非常轻松。

这个方法还有一个好处在于将焦虑"可视化"之后,人会更容易想出应对焦虑的方法。

如果意识到自己是在"因为晚年的生活费用而焦虑,怕未来没有着落",就会想到"我要存钱";如果明白了自己是"被那个人说的话伤害了",也许就会想到"下次见面的时候,我要跟那个人说一说我的感受"。

说来奇怪,当你明白了自己针对焦虑应该采取什么样的行动,你的情绪就会平静下来。

顺便提一句,你可以不做任何修改就把自己写了字的那张纸撕掉!这会让你感到足够的痛快!

 将心里莫名的焦虑在纸上列出来。

第4章 让你心中"莫名的焦虑"迅速消失

当你因一些不明原因的焦虑而感到郁闷的时候（3）

当你想不出什么特别的原因，却就是一个劲儿地觉得焦虑和苦闷的时候，请闭上双眼，一边放慢呼吸，一边在心里想象出一轮满月的画面。

这是一轮没有任何缺欠、恬静又柔和的满月。

想象一下这轮满月正非常轻快地滑入你的怀中。

它在你的怀抱里，闪着温柔又沉稳的光辉。

当你这样想象的时候，你的内心渐渐平静，你会感到一种莫名的满足。

 在心中想象一轮满月。

当你因一些不明原因的焦虑 而感到郁闷的时候（4）

在那些只要平常坚持做，就能让人不那么觉得莫名焦虑的方法当中，有一种通过刺激"合谷穴"，被称作"合谷按压法"的方法。

开创这个方法的人是东京未来大学讲师，同时也是临床心理学专家的藤本昌树先生。

藤本老师对PTSD（即创伤后应激障碍）患者在感到焦虑和压力时，其大脑扣带回前部的血液循环会出现恶化的现象非常关注。

反过来说，为了减轻患者的焦虑和压力，那么改善大脑扣带回前部的血液循环就应该是个不错的法子。

考虑到这一点，藤本老师设计出了刺激脑部血液循坏穴位"合谷穴"的方法，即"合谷按压法"。

第 4 章 让你心中"莫名的焦虑"迅速消失

藤本老师将这个方法主要针对恐慌症患者进行了测试，大约百分之六十的测试者给出了"焦虑和恐惧得到了缓解""情绪平静下来了"以及"我不再感到烦躁"等回答。

按压合谷穴的方法非常简单。

当你感到焦虑和有压力的时候，只需要以让自己觉得舒服的力度，有节奏地轻轻按压手背上位于大拇指和食指的骨头交界处的合谷穴。

按压时，要用自己另一只手的拇指的指腹一下一下地按。

时长为至少一分钟。

虽然只做自己比较容易操作的那只手就能起到预期的效果，但据说两只手都做一做也会很不错。

我也在感到有些紧张不安的场合，诸如需要在很多人面前讲话的时候，曾经用过按压合谷穴的方法。

然后，在按压的过程中我的心情就慢慢地平静了下来，不经意间就没那么焦虑了。

由于这个方法你可以在感到焦虑的现场轻松实施，所以请一定要记下来。

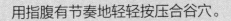
用指腹有节奏地轻轻按压合谷穴。

当你因一些不明原因的焦虑而感到郁闷的时候（5）

来访者当中有一位上了年纪的女士，她来我的诊所时说"虽然没有什么特别的理由，但就是觉得心中焦虑"。我听她谈了谈自己的情况，发现她不愁钱，身体健康也不用担心，生活中没有特别值得一提的不满和烦恼。

然而，这位女士说自己心里总是隐约有些担心，心情沉重，什么事情都不想做。

对于这样的人，我会请他们尝试做以下三种活动：

① 做运动。

② 听音乐。

③ 做能让自己全心投入的事情。

各种研究已经表明，从事以上三类活动会使人振作起来。

首先，我们来谈谈做运动。

根据美国杜克大学医学部的布鲁门萨尔教授开展的一项调查，以治疗抑郁症为目的将调查者分为"只进行药物治疗的小组""只进行有氧运动（一周三次、每次三十分钟）的小组"和"药物治疗+有氧运动（一周三次、每次三十分钟）的小组"，并对这三组成员进行了追踪调查，结果发现"只进行有氧运动"小组的抑郁症复发率最低。

事实上，当我问来我的诊所做心理咨询，并且有些抑郁症倾向的人最近是否有锻炼身体的时候，有非常多的人都回答"说起来我最近确实没运动，以前倒是有过"。当这些人重新开始运动起来，他们的症状就有可能很快得到改善。

接下来谈谈听音乐。有研究表明，人在听音乐的时候，会增加快乐荷尔蒙"多巴胺"和"β-内啡肽"在大脑内的分泌。

多巴胺会让人在听到自己喜欢的音乐时，兴奋到起鸡皮疙瘩。

而人在倾听诸如大自然的声音或是莫扎特小夜曲等

舒缓的音乐时分泌的β-内啡肽，会让人产生身心陶醉的感觉。

传闻由英国乐队马可尼联盟创作的《失重》，是最能让人释放出β-内啡肽物质的音乐。

当你总觉得莫名焦虑，感到心里堵得慌的时候，不妨一边听着《失重》这首曲子或是你自己喜欢的音乐，一边出门散散步。

最后，我们来谈谈第三点。所谓能让人全心投入，就是指做自己喜欢做的事情。

当人埋头去做自己非常喜欢的事情，让自己进入忘了时间的"高度专注状态"，就能够从抑郁沉闷的焦虑当中摆脱出来。

然而，当人出现抑郁症状的时候，往往会连自己喜欢什么也搞不清楚。

因此，最好平时就找到能让自己做起来忘了时间、全心投入的事情。

有一位找我咨询的男士说自己在感到内心抑郁的时候，经常会去洗盘子。

他说："当我一边感受着水龙头里流出的水，一边心无旁骛地洗掉盘子上的污垢时，人脑中的一切都会瞬间清零。洗完盘子之后，我觉得自己大脑清醒，内心轻松了许多。"

当你总觉得自己提不起精神的时候，请将上述三种活动都试上一试。

> A 尝试一下"音乐""运动"和"能让自己全心投入的事情"。

当你似乎要被严重的焦虑压垮，感到痛苦的时候

前几天，有一位男士来我的诊所做心理咨询，他因强迫症而感到非常痛苦。

他说："我总觉得很焦虑，担心自己会惹出点儿什么奇怪的事儿。外出的时候因为担心自己忘了关灶上的火，会回去检查好几次；工作的时候就怕自己会按下绝不能按的键导致订单出错，结果半天也下不了单……"

据说因为这个缘故，他一遍又一遍地进行确认，弄得自己完全没时间放松。

针对他的症状，我向他传授了缓解焦虑的最强方法："转换训练"！

迄今为止，我曾经向各种各样的人传授过这个方法，他们或受到过去记忆的折磨，或苦于恐慌症，或因原因不明的焦虑感到痛苦，大多数人都笑着表示自己"学会应用这个方法之后，因为焦虑而感到苦闷的事儿彻底没了！"

"转换训练"的关键点在于不是用大脑去思考，而是去感受。

不要用控制理智的左脑，要用控制意象和感觉的右脑去专心感受。

通过借助意象的力量，你能够一鼓作气地将压在自己心底的沉重负担，转换成轻松愉悦的事物。

"转换训练"的做法如下：

① 将意识集中在自己的身上，感受自己身体的哪一个部位存在着让你感到沉重的乱七八糟的东西。

② 这一团乱七八糟的东西就是在你的内心掀起波澜的"焦虑能量"。宇宙中存在的所有能量都会"旋转"。由于所有的能量旋转，就如同地球公转和自转那样，又好比把浴缸里的水放掉时产生的漩涡那样，所以你体内的焦虑能量也在不停地旋转。那么，你体内的焦虑能量正朝着哪个方向旋转呢？是向右还是向左？朝前还是朝后？有一个大致的感觉就好，让我们来感受一下。

③ 正在旋转的焦虑能量是什么颜色的呢？请凭直觉回答。

④ 正在旋转的焦虑能量又有着怎样的形状和重量呢？

⑤ 想象一下你体内的焦虑能量突然停止旋转的画面。

⑥ 当它停下来以后，试着向跟以往相反的方向去转动它。当它朝着相反的方向转动起来，就以你自己觉得舒服的速度去让它不停旋转。

⑦ 接下来再试着将焦虑能量的颜色换成自己喜欢的颜色。在变换颜色的时候，你还可以给它配上潺潺流水声、铃铛声之类自己喜欢的声音，或是给它添上一些自己喜欢的香味。

我请刚才提到的那位做心理咨询的男士体验了一下这个训练方法，"一开始我感觉自己体内的焦虑能量是一个很重的灰色疙瘩，当我刚一把它向相反的方向旋转，它就变得轻快明亮起来！这一下就好像是突然拉开窗帘时那样，整个视野转眼间就亮了……啊，我有一种如释重负的感觉，眼泪就……"说完他按了按眼角，免得泪水落下来。

我们能够把让人感到沉重的焦虑改变成自己喜欢的

样子，能够去控制它。

一旦明白了这一点，心情很快就会变轻松。

拿我自己来说，在共同生活了十六年的爱犬去世的第二天，我依靠这个训练方法挺了过来。当时我只要一想起爱犬去世的事情就会不停地流眼泪，这样下去根本干不了任何工作……在这个时候，我将注意力专注在内心痛苦的感觉上，将悲伤能量向反方向转动，给它涂上了代表着我对爱犬喜爱之情的温暖的颜色。这样做了之后，眼泪很自然地就停了下来，我也顺利地完成了当时的工作。

也有人通过这个训练方法治好了患了二十多年的恐慌症。

请你一定要试一试这个真正厉害的最强方法。

 用最强的"转换训练"，将焦虑变得轻快又明亮。

当你因在意心爱之人，
担心到什么也干不了的时候

许多带孩子的妈妈都表示自己总是在担心孩子，弄得家务活儿和工作都干不了。

孩子有没有出什么事儿啊？是不是身体不舒服啊？在学校有没有被人欺负啊？

她们说一想到这些，胸口就莫名地感到难受，什么事情都没办法做了。

对于这些妈妈，我跟她们说的是："请想象一下你的孩子被黄色光环守护着的画面。"

当她们想象出有一个充满能量的黄色光环守护着自己的孩子时，她们就平静下来，差不多所有的妈妈都会感到安心，觉得自己的孩子应该没事儿。

事实上,妈妈情绪稳定这一点,对孩子来说至关重要。

之所以这么说,是因为如果妈妈总是在无端地担心这担心那,孩子就会从妈妈的态度中感受到一个信息,那就是"自己是个让人不放心的孩子"。

有时候妈妈担心孩子也许会被人欺负,她的这种焦虑情绪传递给孩子,孩子就有可能以为"自己是那种会被人欺负的人"。

为了不让孩子承受不必要的焦虑,也首先需要妈妈们放下心来。

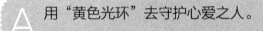

A 用"黄色光环"去守护心爱之人。

当你担心一乘坐公共交通就好像会身体不舒服的时候

"我坐不了电车或公共汽车,想去的地方哪儿也去不了。"

这个也是我被咨询较多的一个问题。即人们常说的恐慌症的一种表现。

有一位找我咨询的男士,在某一次坐公共汽车的时候出现身体不适,"如果在下一站到站之前我吐了可怎么办?"的焦虑让他提心吊胆,从那以后他只要坐上公共汽车,就会产生同样的担心。

当他坐上公共汽车或是想要坐的时候,心脏就会剧烈跳动,呼吸困难。因为这个缘故,这位男士没办法再坐公共汽车,这让他很是烦恼。

大多数像这样患上恐慌症的人,都在心中抱有一种信念。

那就是"绝对不可以给别人添麻烦"。

在日本，虽然这种信念不管是谁都或多或少会有，但一旦这种信念过于执拗，就会非常害怕因自己身体不舒服而给别人添麻烦。

这种恐惧使得焦虑越来越严重，最终发展成恐慌，人就会生病。

对于这一类人，我会问他们一个问题："如果处在相反的立场，你会怎么做呢？如果你的面前有一个生了病的人？"

听到这个问题，大多数人先是一愣，然后回答说："如果情况反过来，我会马上去照顾这个人。我一点儿都不会觉得这是个麻烦事。"

我接着问道："对吧？既是如此，你为什么认为自己身体不舒服的时候，旁人就会很为难呢？"很多人听到这里都会平静下来，表示："……说得对啊，我身体不舒服的时候也可以依靠别人啊。"

像这样通过将自己的视角从"被帮助的一方"转向"帮助别人的一方"，往往可以缓解人们对乘坐电车或公共汽车产生的焦虑。

人们常说"人"这个字是两个人相互支撑的形状。人与人之间自然而然地互相扶持。当你帮了别人的忙,通常情况下你的心情都会变得非常愉悦。

所以,当你身体不舒服的时候,也可以去接受别人的照顾。

可千万不要忘记这一点哦!

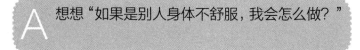

A 想想"如果是别人身体不舒服,我会怎么做?"

当你因身体疼痛等原因对外出感到焦虑的时候

也有这样的时候吧,在你外出之前,你就开始感觉到"今天不知什么原因,肚子好痛(或是头好疼)"。虽然遇到这种情况若能休息当然最好不过,但可能就会有"偏偏今天歇不了"这种事儿。

这时候如果你心里想"为什么身体非要赶在这么重要的日子里出状况啊?可真烦人啊",那么身体上的疼痛通常都会持续较长的时间。

不过,当你把手放在感到疼痛的部位,在心里对自己说"嗯嗯,是有点儿疼啊。但今天是个无论如何都必须得去的重要日子,所以就今天一天,拜托一定要撑住哦",这样说了之后,疼痛就可能会不可思议地减轻许多。

之所以会出现这种状况，是因为你的身体想向你传达一些信息，有时候用疼痛的方式表现了出来。

因此，当你在心里对自己说"现在挺疼的吧。你总是任劳任怨的啊，我真的很感谢你。你是有什么想告诉我的吗"，偶尔你似乎觉得从疼痛的部位那里收到了回复，诸如"最近我有点儿太拼了，很累，想要休息休息"，或是"我对那个人有点儿太在意了"，等等。

虽然它们是一旦你不留意就很难捕捉到的来自身体的声音，但如果你尝试去倾听，就有可能会听到。

像这样去关注自己任劳任怨的身体，就有可能使身体明白你的心意，可能不再产生疼痛。

有一位来我的诊所做心理咨询的女士，据说以前她在跟自己不擅长打交道的业务伙伴见面之前总是头疼，但自从用这个方法开始去倾听自己身体的声音之后，头就不怎么疼了。

这位女士说："我只是在心里想'实在是很不会和那个人打交道啊，头很疼对吧？你的感受我都懂！'疼痛就会慢慢地缓解。这个方法真不错！"

我们只需在身体辛苦了一天之后，认真地听从自己的身体，或休息休息，或尽量减少与自己不想打交道的人的接触,以减轻压力。

当然,如果身体的疼痛一直不消,就有可能是生了病,那么就请找专业的医生好好看一看哦。

> A 倾听身体疼痛部位想要传达给自己的信息。

当你因疼痛似乎越来越严重
而感到焦虑的时候

有一位来我的诊所做心理咨询的男士,因椎间盘突出曾经有过非常痛苦的经历,受这个经历的影响,他一感到腰疼就会变得焦虑不安,什么事情都干不了。

他说:"而且啊,当我想到这种疼痛会发展到多严重,或是要疼到什么时候这些事情,似乎就疼得更厉害了……"

正如这位男士所说,疼痛这种东西,你越在意,它就会变得越严重。

不过有意思的是,即使你身上有疼痛,但当你专心致志做某件事情的时候,你就有可能完全感觉不到疼了，对吧？

比如说，当你在参加自己喜欢的运动时，就算因为激烈的比赛摔倒在地也毫不在意，但一旦比赛结束，你意识到自己受了伤，就有可能会突然大叫起来："哇！伤了好大一个口子！好疼啊！"

也就是说，疼痛会随着你是否意识到它的存在，从而让你对它的感受方式发生变化。

因此，让我们运用自己的意识去对疼痛加以控制。

请试着运用下面的方法，将疼痛"转动起来"。

疼痛控制法：

① 想象在你感到疼痛的部位有一个能够治愈疼痛的"光球"。花上一点时间去感受一下这个光球的存在。

② 想象这个光球在缓缓地左右移动。

③ 光球的移动速度逐步加快，它的光辉笼罩了你的全身。进一步想象这个为你治愈疼痛的光球在你的身体内循环，细细体会它所带来的舒适和温暖。

让我们重复上述过程，直到我们能够在内心很好地形成想象的画面。

当你心中产生了"就算身体出现疼痛，有这个方法我就会没事儿"的意识，你对疼痛的恐惧就会减轻，跟疼痛有关的精神压力也会相应得到缓解。

 想象在疼痛部位有一个"光球"并将其转动起来。

专题

让我们认真倾听内心那些莫名的焦虑

当你觉得自己有些说不清道不明的焦虑，内心苦闷的时候，能够让你轻松起来的最有效的方法就是去直面你的焦虑，和它打一次交道。

焦虑有个特性，一旦你试图对它视而不见，它反而就会变得越来越严重。

举个例子来说，假设你感觉到房间里有什么动静。

察觉到这一点之后，你下意识里有些忐忑不安。

"是风吹得窗帘在动吧？"

"要不然就是有只特讨厌的虫子？"

此刻你若是去弄清真实原因固然好，但如果你假装自己没有察觉，不去加以确认的话，这个让你感到焦虑的事物就会越来越让你放心不下。

"也许不是只虫子……是有人从房间外面在偷看？"

"或许这房间里有'幽灵'出现？"

焦虑会像这样一步步引发出更大的焦虑。

然而，如果你试着正视焦虑，去认真

查明原因,就可能发现并没有发生什么事儿,或许是住在楼上的人的生活噪音,或许是你买的仓鼠从笼子里逃了出来,在房间里乱窜,完全没什么可怕的。

从另一方面来说,即使发现是一只令人恶心的虫子或是一个可疑的人,只要弄清了对方的真面目,你就能够想出法子去对付,诸如准备好拍打虫子的报纸,或是求助于警察。只要有了应对的方法,焦虑就会得到缓解。

因此,当我们感到焦虑、心情郁闷的时候,首先试着去面对自己的焦虑。

为了做到这一点,请一边去感知自己感到不适的身体部位,一边问问自己:"你想通过这份焦虑告诉我什么呢?"

"这份沉重的焦虑像块石头压在我的胸口……你在想要跟我说什么吗?对呀,明天去公司上班可真不好过啊。上一周因为我的失误给大伙儿添了麻烦,确实很担心他们会讨厌我啊!"

"我心里有些模模糊糊的焦虑,头昏沉沉的……你是想通过这份焦虑告诉我什么吗？哦，对了，昨天我和那个人吵了一架，他甚至否定了我的人品，真的是很受伤啊！"

当你像上面这样对让自己感到焦虑的真实原因有所了解，你也就明白了自己应该怎样做，比如"一大早就跟大伙儿道歉"，或者"回头我要用这些话去反击那个人"。

一旦你知道了自己该做的事情，焦虑就能自然而然地得到缓解。

而且，在此我希望你记住一点，焦虑是从你试图自我保护的情绪当中产生的。

"我想要保护自己不被别人讨厌。"

"我想要保护自己的人格和尊严不受到伤害。"

自我保护的情绪，堆积成一团无法用语言表达的心结，便形成了焦虑。

也就是说，"焦虑"是自己人。

它并不是为了折磨你才出现，它是为了告诉你如何解脱痛苦而来到你身边的。

为了听取焦虑带来的启示，重要的还得是弄清焦虑的真相，和它面对面地打一次交道。

如果你觉得很难独自面对，就请向像我这样的专业人士寻求帮助。

他们一定能够提供一些让你轻松起来的好建议。

第 5 章

让你心中"痛苦的创伤"
静静消散

过去留在心底的创伤总是让人感到痛苦,
只要一想起来就会变得心神不宁。
本章将向你传授一些强有力的训练方法,
在你感到焦虑的时候将成为你的左膀右臂。

当过去的痛苦回忆在你脑海中挥之不去的时候（1）

有时候在某个不经意的瞬间，过去的一些往事会从记忆中跳出来，让你感到痛苦。

遇到这种情况，就请试一下下面这个方法，让想象中的河流冲走折磨你的焦虑吧：

① 去感知你身体里觉得焦虑的部位所在。（大多数人似乎都表现在头部和胸口。）

② 你感受到的焦虑，是什么颜色、形状、重量和质地呢？请试着对这些细节展开具体的想象。

③ 想象你把在上一步骤中形成的具象化的焦虑从自己体内取出来。

④ 想象将体内取出来的焦虑置于一片树叶之上，让

它顺着你面前的河流轻快地漂走。

⑤ 从你体内取出的焦虑顺着河流越漂越远，最终消失不见。

虽然方法仅此而已，但只要试着做一做，心情就会畅快很多。

让我们将过去那些痛苦的回忆，都一股脑儿地扔到"河里"冲走吧！

 想象你心中的焦虑被河水冲走的画面。

第5章 让你心中"痛苦的创伤"静静消散

当过去的痛苦回忆在你脑海中挥之不去的时候（2）

前不久我经历了一件事情，给我造成了很大的心理阴影。

因为孩子们的事情发生了一点儿小纠纷，住在我家附近的一位男士冲到我家里来大发雷霆。

他摁了好多次门铃，而且大喊大叫地骂人，所以有好长一段时间，我只要看到和他差不多年纪的男性，就会害怕得浑身发抖。

这样下去肯定会产生心理创伤……这时候我采取了一种用好的经历将坏的经历从两边"夹起来"的方法来应对。

这个方法的步骤如下：

① 从不好的事情发生前后的记忆当中，寻找好的回忆。

拿我来说，在那位男士冲到我家大喊大叫这件事情发生之前，我正在沙发上舒舒服服地喝着茶，这件事情发生之后则是孩子们回到家里，玩得很开心。

② 在你面前的地板上将"事情发生前的美好回忆""坏的经历"和"事情发生后的美好回忆"排成一排，确定好它们各自的位置。三者之间彼此相隔一到两步就行。

③ 让自己站在代表"事情发生前的美好回忆"的位置上，调动五种感官去回顾当时的感受。

以我为例，我会想起沙发的宽敞舒适、茶冒出的热气和香味，以及当时正在播放的悦耳音乐等，沉浸在快乐的感受当中。

④ 你再站到代表"事情发生后的美好回忆"的位置上，继续调动五种感官去进行回顾。

拿我来说，我想起了孩子们的笑脸、欢乐的笑声、抚摸他们丝滑的头发时的触感，以及与他们一起吃了好吃的点心这件事儿，等等。如果你很难找到事情发生不久就产生的美好回忆，用过了一段时间之后才有的或是在其他日子里发生的美好回忆也没问题。

⑤ 接下来需要你在"事情发生前的美好回忆""坏的经历"和"事情发生后的美好回忆"这三个位置之间笔直地来回走动。但有一点非常关键,要绕开"坏的经历"代表的那个位置,不要去踩它。

在代表"美好回忆"的位置上,好好地回味你在事情前后感受到的快乐和安心的感觉,在绕过"坏的经历"的位置时,要一边说着"不关我的事,不关我的事……"一边做着挥手将它赶走的动作绕过去。返回的时候,朝着相反的方向,倒退着走回来。

⑥ 请将上一个步骤重复数次。刚开始的时候走动速度稍慢,之后逐渐加快速度,用小碎步跑起来。

⑦ 最后,再次回想一下"坏的经历"。如果你心里不愉快的感觉变淡了,或是能把这个"坏的经历"当作别人的事情去看待了,就达到了目的。要是不愉快的感觉还很强烈,就请把步骤5重复多做几次。

因为这个训练方法是通过将内心的愉悦和特定的场所结合在一起进行的,所以先去成功改变身体上的感受,再由此让心情也比较容易地产生变化。

我也在实施了这个训练方法之后,变得不再害怕那位曾经来我家大发雷霆的邻居了。

现在我碰到他的时候,会很正常地跟他打招呼,道声"你好"呢!

 用好的经历将坏的经历从两边"夹"起来。

当过去的痛苦回忆在你脑海中挥之不去的时候（3）

"我看了社交软件才发现只有我一个人没被邀请参加大家的集体聚会。这件事对我打击挺大，从那以后我就变得有些抑郁了……"

最近，有这种烦恼的人越来越多了。

知道只有自己被大伙儿排挤在外，确实是挺难受的。

我以前也有过这种经历，工作单位的人一起聚会时我没受到邀请，心里好一阵难过。

虽然从组织聚会的人的角度来看，也许是顾虑到我太忙，所以才没进行邀请，但只有自己一个人没受到邀请这件事，还是让人心里很别扭。

那么，当时的我是怎样排解自己的悲伤情绪的呢？

我的方法是用快乐的回忆去"覆盖"不好的回忆。

具体来说,我制订了一个比职场聚会要快乐得多的计划。我决定和孩子们一起去享受一场久违的旅行。

非常庆幸的是这场旅行非常开心,现在想来我甚至会觉得"幸好当时没人喊我去参加聚会,我才能有这样和孩子们出门旅行的机会,实属幸运啊!"

既然机会难得,那就趁这个机会,尽情地自娱自乐一下也非常不错啊!

让我们用和其他的朋友、家人、伴侣之间的快乐回忆,去覆盖那些不愉快的事情吧。

 用快乐的回忆去覆盖不好的回忆。

当你忘不掉那些别人对自己说的不开心的话时

"前些日子,我在公司无意中听到一位前辈在说我的坏话。他说我这个家伙不太机灵,总是干些他不希望我干的事……"

有一位男性公司职员来我的诊所就诊,在跟我说这段话的时候他脸上的表情非常痛苦。

他说自己从那以后,每当想要主动去做工作的时候,就会担心"也许又会被人说我笨",结果弄得什么事情都干不了。

"语言的力量"比我们想象的更为强大,如果有人说的话往你心里扎了根刺并且拔不掉,就有可能会在你的心里扎下根来。

拔掉这根扎在心里、让人不快的刺的方法之一是进行"听觉转换"。这是一种能够让你对某些特定"声音"的认知发生改变的非常有效的方法。

听觉转换的具体做法：

① 回想起诸如别人说的坏话之类的"讨厌的声音"。用"悲伤""难过"等词语描述出你当时的心情。

② 然后想象一下能够让你浮想起最理想状态的"舒服的声音"，比如说你心中仰慕的人对你说的"你做得很好啊！""你最棒！"之类的赞赏的话，同时感受一下自己在听到这些话时是怎样的心情。请你用"兴奋""高兴""放松""安心"等词语去进行描述。

③ 接下来请想象出有一个大音箱的画面，并且想象从这个大音箱里传出步骤1当中提到的你厌恶的声音。

④ 请想象自己在听到这些声音时，用一只手拿着遥控器关掉音箱开关的画面。请你就好像真的拿着遥控器在按按钮那样，使劲儿向下按压手指。这样一来，那些"讨厌的声音"就会立刻被音箱"吞掉"，消失得无影无踪。如果你还是感觉能听到"讨厌的声音"，就请立刻把"电源"关掉。

⑤ 想象自己在"讨厌的声音"消失以后，马上用

另一只手去按遥控器上的另外的按钮。于是，你听见了"舒服的声音"。请一边做着深呼吸，一边想象"舒服的声音"像一束光倾泻而下的画面。你会反复听见让你心情舒畅的声音。

⑥ 想象自己渐渐地听到了"大自然的美妙声响"（潺潺的流水声、鸟儿的鸣叫声以及海浪的声音，等等）。感觉自己正在慢慢放松下来。

⑦ 将步骤3至步骤6重复数次。一开始慢慢地做，之后逐步加快速度，按照"讨厌的声音""舒服的声音""大自然的声音"的顺序反复进行。

⑧ 最后，请回忆起那个"讨厌的声音"，如果你对它的厌恶感变淡了，或是不再觉得那么难过了，就达到了效果。要是感觉不到有什么变化，那就请将让你感到"舒服的音乐"换成别的素材试一试。

前文中提到的那位男士在尝试了这个方法之后，表示"就算我现在想起那位同事说的话，我也不觉得有什么了！我很开心能有这个变化"，他笑容满面地离开了诊所。

此外，还有一位来访者说自己"每天早上一睁开眼睛，就觉得心情很糟糕"。仔细询问之后，了解到他早上总是听到内心有一个声音在责备自己。

于是,我让他用这个训练方法试一试,结果从第二天早上开始,醒来的时候就没有感觉到心情不好,他非常高兴地说:"我好久都没有这样心情愉快地起过床了。这真的是太神奇了!"

由于这个方法非常有效,所以请你在一个安静的地方平心静气地试上一试。

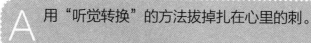

A 用"听觉转换"的方法拔掉扎在心里的刺。

当有这么一个人，
让你只是想起来就感到痛苦的时候

有人对你做了非常过分的事情，一想起来就总是心里很难过。

遇到这种情况，让我们借助心理意象的力量，将自己对那个人的记忆清除到九霄云外。当痛苦的回忆向你袭来时，请试一试以下四个步骤：

① 想起那个你最不擅长打交道的人。

② 试着去感受你意象中想起的那个人在你的视野中处于什么位置。

③ 一边对着那个人的形象"噗"地吐一口气，一边用手指快速将它从你想象出的画面中赶出去。

④ 想象那个人被你赶着飞向太空，变成一个小黑点

渐渐消失的画面。

任何时候只要想起那个人,就用这个方法把他从记忆里赶跑。

这样做过几次之后,你会发现以前想起那个人时胸口被压迫得喘不过气来的感觉已然无影无踪。

通过真实地发出"噗"的吐气声,并且用手指做出驱赶的动作的方式,你能够把那些不好的回忆抛到更远的地方去。

让我们通过心理意象,把讨厌的那个人赶到宇宙中的某个角落里去吧!

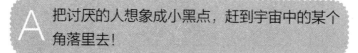

A 把讨厌的人想象成小黑点,赶到宇宙中的某个角落里去!

当你想要粉碎心理创伤，化创伤为力量的时候

你有一份痛苦的记忆折磨着你。

不过，只要你知道应对的方法，就能够将痛苦的记忆转化成能量。

这个方法就是一种被称为"黑洞和白洞"的训练方法。

当你无论如何都想要往前迈出一步的时候，请按照下面的步骤试一试。

"黑洞和白洞"的训练方法：

① 试着感受自己体内的强烈的焦虑和郁闷的情绪藏在何处。

② 想象出把自己体内存在的"郁闷情绪"从体内取出来的画面，试着仔细感受它的颜色、形状和重量，

等等。

③ 想象出从你的体内取出来的"郁闷情绪"被吸入到宇宙空间中的天体"黑洞"中的画面。由于黑洞有着强大的引力，它能将一切物质吸入其中，并且瞬间分解成微小的粒子。

④ 被分解后的微小粒子，流入位于黑洞出口位置的"白洞"。白洞和黑洞正好相反，是会将一切物质排出去的天体。想象一下从这个白洞里通过的物质都变身为金光闪闪的粒子的画面。

⑤ 想象那些闪闪发光的粒子又回到你的身边，将你从头到脚笼罩起来。温暖又华美的金光倾泻在你的身上。

也就是说，你需要想象出通过黑洞和白洞把那些不好的记忆进行过滤，清理干净之后再漂漂亮亮地回到自己体内的画面。

请将上述步骤重复数次，直到你内心的"郁闷情绪"完全消失为止。

请在将"郁闷情绪"推入黑洞时慢慢呼气，在全身沐浴金光时缓缓吸气。如果你能想象出金光从你的头顶倾泻而下，你浑身每一个细胞都浸染其中的画面，那就非常完美了。

不好的记忆，变成了使你熠熠生辉的能量。

如果可能的话，请试着想象出闪闪发亮的金光从你的身体溢出来，光芒四射的画面。

那么，你会感到浑身都充满了能量，自然而然就有了干劲儿。

> A 运用"黑洞和白洞"的训练方法，让郁闷情绪完美变身。

第 6 章

让你的心中重新
充满期待

当你长期处于焦虑之中，

就有可能变得无法感知到

自己喜爱的事物或期待与兴奋等情绪。

本章为你推荐的是助你在这种时候

重拾"具有感知力的内心"的训练方法。

当你对一成不变的日常生活
感到郁郁寡欢的时候

有的时候,你会对自己一成不变的日常生活感到压抑,整个人变得闷闷不乐吧?

遇到这种情况,就让我们在从学校或工作单位回家时,换换新的"路径"。

或者,在去买东西或出门散步时,换条别的路走走也可以。

这是因为如果你在走一条和往常不同的路时发现了一点儿"新鲜的事物",仅这件事情就能够让你获得些微的幸福感。

当我们遇到新的刺激时,我们的大脑会释放出一种叫作"多巴胺"的神经递质。多巴胺是幸福荷尔蒙的一个种类，它能唤起人们痛快、愉悦和跃跃欲试的热情。

因此，你只用换换自己回家的路，得到一些不同的体验，就能够让自己的情绪振作起来。

换一条路回家，你既有可能发现一家新的店铺，也会有可能遇到和往常不同类型的人。有的时候，说不定你还会碰到一只非常喜爱的流浪猫或是见到一棵心仪的树。

只要走一走跟平常不同的路，就会有一股带着喜悦的清新空气吹进你千篇一律的生活里。

 试着换条路回家。

当你因弄不清自己喜欢什么而感到焦虑的时候

当人长期处于就算表达出自己的感受,也得不到理解的环境中时,会有可能渐渐地弄不清自己的喜好。

"你有没有什么自己喜欢的东西?什么东西都可以。"

即使我在做心理咨询时提出这样的问题,也会有不少人回答:"嗯,确实没有什么喜欢的啊!"

对于这一类人,我的建议是:"把自己提不起兴趣的东西都扔掉。"

那些回答不出自己喜欢什么的人,若是被问到自己讨厌或不喜欢什么的时候,也都能够轻松作答。

因此,先试着清除自己讨厌或不喜欢的东西。

也就是说,扔掉之后剩下的都是自己喜欢的了。

扔掉自己不喜欢的东西时，可以先从"衣服"开始。

我想大部分人都有很多已经不穿了的衣服，所以趁这个机会，把自己已经不再想穿的衣服统统扔掉。

下定决心跟那些已经过时的，或是自己不怎么喜欢的，或是虽然价格挺贵但自己穿着不合身，没能把自己衬托得更好看的衣服告别。

人会从把自己不喜欢的东西一股脑儿地扔掉这个行为当中获得如释重负的轻松感，因为留下来的全是自己喜欢的、能让自己兴奋的东西，所以做完这一切之后再看看自己的衣橱，顿感神清气爽。

请你回想起自己身边全是自己喜欢的东西时雀跃的心情。

这就是你迈出的重拾自我的第一步。

顺便提一句，肯定也会有人觉得"自己特别不擅长扔东西"吧。

事实上我也是这种类型的人，不过当我一边向被自己扔掉的东西道谢，感谢它们在我的生活中起过作用，一边再去扔的时候，心里就没那么愧疚了。

而且，当我们做到在生活中对自己使用的东西心怀感激，虽说有些不可思议，但我感觉这样做似乎会为我们带来好运。说不定这也是"扔东西"的好处之一吧！

> A　试着把自己不再喜欢的衣服统统扔掉。

如果你发现自己感知快乐的能力有些退化了（1）

经常容易焦虑的人，由于他们一直以来都是在焦虑中看待各种事物，所以他们的大脑当中已经形成了"快速形成焦虑的脑回路"。

由于这个原因，无论他们看什么，眼里都只看得到焦虑，常常会不知道怎样做才能找到乐趣。

不过，出现这种现象与人的积极情绪容易消失也不无关系。

举个例子来说，假设你尽情享受了一顿美餐，心情非常愉快。

然而，如果这种"酒足饭饱、心满意足"的积极情绪一直持续下去，那么你就不会想要去寻找下一顿的食物。换句话来说，如果人的积极情绪持续的时间太长，生存就会变成一件难事。

与之相反的是，人很难摆脱负面情绪。

如果人内心一直都抱有负面情绪，诸如"去那个地方会有危险""跟那个人在一起总是会弄得很不愉快"等，他们就不会再去靠近那些有危险的存在。人类通过牢记负面情绪以保护自己不再受到伤害。

话虽如此，但假如你每天的大部分时间都被负面情绪所支配，你将搞不懂什么东西能让你快乐，生活会变得枯燥乏味。

遇到这种情况，请你尝试一下每天花上20分钟的时间，在相同的时段里干一些自己喜欢做或觉得开心的事情。试着让自己连续数日在每天的相同时段里沉浸于积极情绪当中。

这样坚持一段时间以后，即使你什么都不做，也会在平常的那个时间段里变得开心起来。

拿我来说，我以前觉得拿瘦身用的振动仪放在肚子上震动很有意思，曾经连着好些天在午后的相同时段里做过这件事。后来，即使我不再使用振动仪，但到了那个时间段，我也还是会自然而然地心情愉快起来，这种感觉真的很不错！

当你想不出自己喜欢的东西或觉得有趣的事情时，做一些能让自己放松一下的事情也不错。

比如说，出门散散步啊，喝上一杯你最喜欢的咖啡啊，给自己的手抹上含有芳香精油的护手霜啊，用一用有发热功能的眼罩什么的。

要是你做的那件事情花不了20分钟，找两件事情组合起来做20分钟左右也行。坚持一个星期左右，就能看到成效。

> **A** 每天花上20分钟，在相同时段里做自己喜欢或开心的事情。

第 6 章 让你的心中重新充满期待

如果你发现自己感知快乐的能力
有些退化了（2）

有一位来我的诊所做心理咨询的人说自己从东日本大地震发生以来，就变得非常焦虑，不敢出门。据说她"因为社会上都是些糟心的事情，害怕得连门都不敢出"，也没办法正常去上班。

我请这位来访者"每天找到三件自己觉得不错的事情并且写下来"。而且，我还要求她写下"认为这几件事情对自己来说是好事的原因"。

虽然她最初说"不行啊，这我可写不出来啊。我整天光觉得焦虑，没碰上一件好事儿。实在找不出来啊"，但我请她"先别这么说，你也可以问问家里的人或者你爱人，看看他们觉得你当天是否经历了什么不错的事儿，姑且先试试看",她这才勉为其难地答应了下来。

听说她刚开始的时候不知道写什么好,很是困惑了一阵子,但她逐渐就能够一点一点地,在日常生活中找到三件觉得不错的事情了。诸如"我今天做到了出门散散步,能够让身体重新活动起来,这让我觉得挺高兴的",或者"我津津有味地吃了一顿早餐。真的很感激身边有愿意为我做饭的人",又或者"我感觉到了户外的绿色很美。我被自己能够意识到了这一点感动了",等等。

坚持写了三个月之后,她发现"一天里还真是有很多不错的事儿呢",笑容回到了她的脸上,她又重新爱上了打扮自己,并且实现了重返工作岗位的心愿。

如果有人像上面这位来访者一样,长期处于焦虑之中,那么他在生活中对"美好事物"的感知能力就有可能会变得迟钝。

遇到这种情况,最好的方法就是调动自己的五种感官去发现"美好事物"。请试着把注意力集中在通过视觉、听觉、嗅觉、味觉和触觉从外界获得的"舒适感"上。

比如说"走路的时候,感觉风吹着好畅快",或者"我听见了鸟儿的叫声,感觉神清气爽",又或者"摸着蓬蓬松松的被子,感觉好舒服",等等。

积极心理学的创始人、宾夕法尼亚大学的塞利格曼博士于2005年进行的一项研究表明,受试者连续一周在每晚临睡前采用了这个训练方法之后,在提高幸福感和改善抑郁症状上出现了好转,并且这种效果持续保持了6个月之久。

由于重要的是让自己保持"探寻美好事物"的意识,所以如果一天里找三件不错的事情很难,那么找到一件也没问题。让自己坚持下去,探寻美好事物的"心灵过滤器"的功能将不断加强,你会渐渐地多一些幸福感,少一些焦虑。

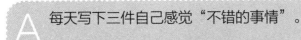
每天写下三件自己感觉"不错的事情"。

当你因感到"未来无可期待"
而垂头丧气的时候

你总觉得对未来不抱希望。

你不认为自己今后会比现在过得更幸福。

当你感到"自己也就这样了吧"的时候,你实际上正处在自己给自己踩"刹车"的状态之中。

遇到这种情况,我希望你一定要尝试一下"呼唤神灯精灵"的方法。

这个方法是儿童精神病学专家河野政树先生教给我的。

具体做法就是借助像迪斯尼电影《阿拉丁》里出场的"神灯精灵"那样的"魔法"的力量,请它帮忙解除你套在自己身上的"刹车"。

请按照下面的步骤，试着挑战一下这个方法：

① 想象出在你的面前有一位"神灯精灵"的画面。如果"神灯精灵"能够满足你的任何愿望，你会提什么愿望呢？请具体地思考一下这个问题。

② 当你的愿望实现时，你会有什么样的感觉呢？请试着想象出你此刻见到的、听到的以及触摸到的事物。

举例来说，如果你的愿望是"想出书"，那你就可以想象你被新印刷出来的自己的书所包围，你收到了朋友们的祝贺，或是你为了撰写下一本新书，此刻正坐在舒适的靠背椅上等的画面。

③ 为了实现这种心旷神怡的状态，你需要具备哪些技能和资格呢？你要和谁一起学习，才能达到这种状态呢？请展开具体的想象。

④ 在日历或记事本上，标记出你的愿望会实现的日期。

⑤ 实现了愿望的你，成了哪种类型的人呢？让我们用语言将想象的画面描述出来。另外，实现这一愿望对你的人生而言，有着什么样的意义呢？比如说"喜悦""快乐""使命""责任"，等等。

拿我来说，我在这本旨在减轻人们焦虑的书籍出版之后，成了帮助世界各地的人们放松身心和获得幸福的那种人。我感觉这就是我的使命！

⑥ 是什么阻碍了你去实现自己的梦想呢？请具体地思考一下这个问题。

⑦ 为了实现自己的梦想，你要从什么开始着手呢？请具体地思考一下这个问题。

如果你能思考到这一步，那么你也就等同于已经站在梦想的起跑线上了。

接下来你只需要再往前迈出一步。

这里顺便说一下，所谓"神灯精灵"，就是能够帮助你消除显意识施加在你身上的束缚，将你的潜意识释放出来的一种存在。

当焦虑的情绪加重，人会感觉自己干什么都干不好，于是很多人就说"这事儿我肯定不行，我绝对做不到"，给自己设置各种限制。

他们总盯着那些干不成事情的原因，诸如"我没钱，所以不能参加考资格证书的学习"，或者"我没时间，所以没办法开展创作"等，而不是去付诸行动，以让自己快乐起来。

然而，只要消除显意识施加在你身上的各种束缚，你就会察觉到自己其实还有很多很多想要实现的梦想。

而且，如果你能朝着梦想往前迈出一步，就会拥有比现在多得多的希望，充满期待地度过每一天。

A 借助"神灯精灵"的"魔法"力量。

如果你因担心找不到理想的伴侣而感到焦虑

在那些一考虑将来的事儿就会感到焦虑的人当中,也有很多人似乎是因为觉得自己以后恐怕找不到理想伴侣而变得闷闷不乐。

确实,找理想伴侣这事儿得先有对象才行,仅靠自己一个人的力量,什么也解决不了啊。

我希望有这种想法的人一定要试一试"能将理想伴侣带到自己身边"的训练方法。

只要你将这个方法付诸实践,当你碰到那个理想中人时,心里马上就会明白"就是这个人啦"。

① 首先,在心里想象出理想伴侣的形象。这位理想伴侣的体格如何?穿着什么样的衣服?是做什么的?是

哪种类型的人呢？请尽可能具体地展开想象。

② 以在看一部以理想伴侣和你为主角的恋爱电影那样的心情，去想象你们二人的日常生活。请具体地想象出各种画面，诸如住在什么样的房间里，天气和季节如何，两个人说话时有着什么样的表情和动作。

③ 在这部电影当中，你有着什么样的表情和动作呢？请具体地想象出自己的姿态、走路的姿势、微笑和说话的方式，以及经常挂在嘴边的口头禅，等等。

④ 张开怀抱紧紧拥抱电影中的自己，让它与自己的身体融为一体。感受一下在实现了现实和想象合二为一的自己的眼中，世界呈现出来的样子。试着去体会周围环境的亮度和色调、自己所处的世界的广度以及自身视线的高度等细节。

⑤ 试着化身为电影中的自己活动起来。试着从自己的姿态、谈笑的方式等方面去具体地感受一下此刻的自己和以往有哪些不同。

⑥ 想象出你化身为电影中的自己，在和理想伴侣共度时光的画面。仔细体会你在和理想伴侣一起欢笑、一起进餐、一起休息时所感受的快乐。你是什么样的心情？你的身体有多放松？

⑦ 请一边品味着这份感觉，一边将双手放在胸口喃喃自语："从今往后我们永远都在一起。"说完先松开双手，然后再次放在胸口，确认自己能否重新找到刚才那种幸福的感觉。

⑧ 在每天起床之后和睡觉之前，都将双手放在胸口，唤起自己在和理想伴侣共度时光时的快乐心情，重温这份感受。

坚持做下去，你大脑中的搜索引擎就会去自动"搜寻"能与你共享同一类幸福的伴侣。

与此同时，由于你自身的言行举止也会随着你在心中描画的那样发生变化，你吸引的人的类型会和以往有所不同。

像这样预先演练自己已经梦想成真时的行为叫作"预祝"。

举个例子来说，花样滑冰运动员羽生结弦曾经说自己在2014年前往索契冬奥会的飞机上哭了一场。他之所以哭，是因为他非常清晰地想象出自己在奥运会赛场上展现完美演技的画面，所以高兴地哭了起来。结果就和大家都知道的那样，羽生结弦获得了金牌。

我们的动作和表情，都是由自己大脑中的意象和情绪创造出来的。

因此,如果我们的言行举止做到像和理想伴侣共度时光时那样,就离能够吸引到理想伴侣的美好自我更近一步了。

 预先享受和自己的理想伴侣共度时光时的快乐心情。

第 7 章

让自己开开心心迎接
新的一天

每晚临睡之前,
把当天堆在心里的种种不快清零。
本章将向你介绍一些好的方法,
为明天播撒幸福的种子。

当你明明很困，却难以入睡的时候（1）

那些容易紧张或焦虑的人，即使有人跟他们说"要放松"，他们有时候也很难真正放松下来。

遇到这种情况，通过实施"渐进性松弛疗法"，即让身体先使劲儿再松劲儿的方法，会让人较为容易地打造出完全放松的状态。

渐进性松弛疗法是由美国医生埃德蒙·雅各布森开发的一种放松技巧。据说军队在采用这套方法之后，处于严重压力状态下的士兵中有96%的人都能在120秒钟以内成功入睡。这真的是一种有超强效果的好方法。

在我的诊所，来访者们以在椅子上坐着的状态，按照下面的步骤实施"渐进性松弛疗法"：

① 用鼻子吸气，然后屏住呼吸。

② 在屏住呼吸的时间里（大约3～5秒），双手握拳举起双臂，并施力让双臂保持肌肉紧绷状态。

③ 一边用嘴呼气，一边放松双臂使其下垂。你现在感受如何？请将注意力集中在放松之后的手臂的感觉上。

④ 重复以上步骤三次。

以上内容是渐进性松弛疗法的基本做法。

之后，按照从双腿到脸、肩膀、脖子的顺序，以和基本做法相同的方式一边调整呼吸，一边重复先使劲儿再松劲儿的过程（各做三次）。

双腿——坐在椅子上，伸直膝盖，抬高双腿使其与地板平行。再将脚跟与脚背呈九十度，绷直脚尖，然后松劲儿让双脚回到地板上。

脸部——先闭上眼睛、咬紧牙关，然后松劲儿，并张开嘴巴。

肩膀——先吸气并使劲儿耸起双肩，再呼气并放下肩膀。

脖子——一边感受自己头部的重量，一边慢慢地转动脖子。

在完成以上所有步骤之后，来访者们都异口同声地表示"有了睡意"或"感到内心非常平静"。也有很多人实际上已经在打哈欠了。

虽然只要完成上述疗法就足以让人感到放松，并且产生恰到好处的疲乏感，但就我而言，我会在夜晚睡觉之前，先练习渐进性松弛疗法，再钻进被窝，进一步练习放松身心的呼吸疗法。

"放松身心的呼吸疗法"的步骤如下：

① 用鼻子吸气。将注意力集中在感受气息上，意识到吸入身体内部的是一股冰凉的空气。

② 用嘴呼气。感受到从体内呼出的温暖气息，同时意识到自己的整个身体正随着呼气的过程逐步放松。也要留意气息在体内通过喉咙时的感觉。

③ 将以上两个步骤重复三次。明确自己在专注呼吸的过程中绝不追随脑海中冒出来的任何想法，当某个念头闪过时，要始终将注意力迅速转移回到自己的呼吸上。

这个呼吸疗法能让人在做的过程中就安然入睡，所以请一定试一试。

当人的身体得到放松，内心也就会跟着松弛下来。

因此，当我们情绪紧张睡不着觉的时候，就先放松放松自己的身体。

在身体放松、情绪缓和之后，如果你再大声说出"我的心情好起来了"或是"现在好舒服啊"之类的话，效果会好上加好。

> **A** 通过"渐进性松弛疗法"，让身体先"使劲儿"后"松劲儿"。

当你明明很困，
却难以入睡的时候（2）

睡不着的时候，还有一个方法也非常起作用，那就是增加被子的重量。

"咦？柔软轻薄的被子不是更能让人轻轻松松地睡个好觉吗？"

大家心里肯定都是这样想的吧。

然而，近几年的研究表明，失眠症患者通过使用比较厚重的毛毯，有效地改善了失眠的症状。

瑞典卡罗林斯卡研究院的一支研究团队，曾针对120名因抑郁或焦虑症状而被确诊为失眠症的成年患者进行了以下的实验。

研究团队首先把参加实验的人随机分成两个小组。

第一组使用重约8公斤的厚重毛毯，第二组使用重约1.5公斤的轻薄毛毯。

对于感觉8公斤太重的受试者，研究团队向他们发放了6公斤的毛毯。

接下来，让参加实验的人共同度过了4个星期。

结果显示，在使用轻薄毛毯的第二组当中，失眠症状得到改善的人为3.6%。

另一方面，在使用厚重毛毯的第一组当中，有42.2%的人的症状出现了好转。第一组的结果竟然要比第二组的好十倍。

另外，在此次实验结束之后，研究团队请愿意继续参与实验的人自行选择喜欢的毛毯（几乎所有的患者都选择了较重的毛毯），并在那里再度过12个月。结果表明，在最初的实验中使用了轻毛毯之后换为重毛毯的受试者的睡眠状况也同样出现了好转。12个月之后，使用重毛毯的人当中，有78%的人的失眠症得到了改善。

根据研究团队的说法，有可能是毛毯的重量刺激了全身的肌肉和关节，产生了和穴位推拿或按摩相同的效果。

因此，当你睡不着的时候，不妨试着调整一下被子的重量。

哦,对了,因为人不可能一直都醒着,即使是连续失眠两三天,之后也会像电池没电了似的倒头就睡着。所以,当你感觉不到睡意的时候,没必要非逼着自己入睡。也就是说,就算睡不着,也不用太过在意。

> A　增加盖在身上的被子的重量。

当你为自己想要休息而内疚，感到焦虑的时候

在那些严肃认真、勤奋克己的人当中，也有不少人会因自己的睡眠或休息这些事情在心中产生愧疚。

他们会下意识地认定"让自己休息就是自我纵容"。

因此，他们必须一直都在干点儿什么，不然就会焦虑不安。

"别人都比我努力，我却……我也得更努力才是啊！"

"我居然睡了7个小时……我可真是太懒了啊！"

他们会像这样抓着短暂休息的自己不放，一个劲儿地责备自己。

即使我跟他们说"虽然你说自己还不够努力，但在我看来，就算和其他人相比，你也是努力到不能再努力了啊"，然而他们中的很多人也还是不太能接受自己过于拼命的事实，认为自己不值一提，因为其他人更努力。

对于这种不会休息的人，我会跟他们说："定期休息以保持身心健康，这也是你的职责所在哦。"

要是硬逼着自己一刻不停地工作，就会导致疲劳积压，身体状况越来越差。

到头来也有可能得被迫休息很长一段时间。如果发生了这种情况，反倒是说不定会给周围的人增添更多麻烦。

这么一想，人在可以休息的时候休息，并不是在放纵自己，而是作为社会的一员有必要去做的事情呢！

再说了，如果你不休息，就有可能让你周围的人因顾及你的感受，也休息不了。

假如你是一个部门的负责人，周末不休息一直工作的话，你的这种状态也许会成为对下属们的无声压力。相反，假如你是位年轻的员工，休息日也跑去加班，就有可能让你的顶头上司也不得不去公司加班。

所以，不仅是为了你自己，也是为了你周围的人，在自己可以休息的时候，就应该好好地去休息。

记得好好休息养精蓄锐，以便在有需要的时候拿出自己的干劲儿来。

 要认为"休息也是工作的一部分"。

当你似乎要把今天的郁闷情绪
带到明天去的时候

　　白天里发生了一些不开心的事情，到了晚上睡觉的时候，还是不由得会心里有些不舒服。

　　如果就这么睡着的话，总觉得自己会做噩梦。

　　遇到这种情况，就让我们在睡觉之前回想起当天发生的不开心的事情，然后用大脑中的"黑板擦"痛痛快快地将其全部擦掉。

　　自己当天的小失误啊，别人对你说的不好听的话啊，等等。

　　就是要用"黑板擦"把心里的小郁闷一个一个地都清除掉。

　　在从脑海中擦掉它们的同时，请放松自己紧绷着的身体。

这样做，会让你更强烈地感受到不开心的事情消失得一干二净，身心变得轻快起来，你就能够心情舒畅地进入梦乡了。

事实上，从记忆的角度来看，带着好心情入睡也是非常重要的。

人在睡眠的时间里，大脑会将当天经历的事情进行反刍，并让其留在记忆中。因此，一旦睡觉之前考虑不开心的事情，那一部分的记忆也会被作为不好的事物定格下来。

为了不把今天的郁闷情绪带到明天去，养成在睡觉前"清除不开心的事情"的习惯也是很不错的哦。

 用"黑板擦"擦掉心里的小郁闷。

当你因为担心很多事情而睡不着的时候

虽说确实是钻进被窝里了,但担心的事情接二连三地从脑子里冒出来,怎么也睡不着。

遇到这种情况,我们不妨试着从被窝里爬起来,写写"日志"。

在被称作"写作静思"的"日志"当中,将大脑中浮现的事物一股脑儿地在纸上全都写下来。通过在纸上将自己心里的担忧,或是想不出个缘由的莫名焦虑写下来的方式,大脑和内心会变得思路清晰,心情也会轻松起来。

这种方法所取得的效果非常惊人,除了能提高幸福感、增强免疫力之外,甚至有数据表明,它还能提高就职率。

美国得克萨斯大学的社会心理学专家詹姆斯·彭尼贝克教授曾经做过以下调研。

第一个调研以失业者为对象。

处在失业状态的受试者们被要求连续5天、每天花20分钟时间写日志。在8个月之后进行的就业率追踪调查中发现，与没有参与"日志实验"的类似失业者相比，受试者的就业率要高出40%。看起来那些写了日志的失业者们应该是每次通过在日志里将脑子里的各种焦虑一吐为快，才成功地熬过了压力巨大的求职期。

詹姆斯教授在此基础上还进行了另一项调研。他将受试者分为两组，一组被要求在日志中写下对自己有重大情绪影响的事件，另一组则被要求写下和情绪并无关联的日常生活。

两个小组的成员被要求连续3天、每天花20分钟时间写日志，结果显示，被要求写出影响自己情绪事件的小组成员的身心健康得到了大幅度的改善。

而且，受试者表示，即使在实验结束好几个月之后，血压下降、免疫力提升、就医次数减少及幸福感增强等效果仍然在持续。

那么，我们就来看看有如此绝佳效果的"日志"的具体做法。

你只需准备好笔记本和笔，让自己在3～15分钟之内，将脑子里想到的一切事情手不停笔地都写下来。

写的时候的关键点在于无论如何都不要停笔。

就算是在你想不出什么的时候，也要照着脑子里的想法原封不动地写下来——"我没什么可写的事儿，我没什么可写的事儿，我什么都想不出来，有没有什么可写的事儿啊……"

过一会儿之后，由于你的脑子又开始转动，出现诸如"……我好像肚子饿了""我在正视自己啊，很酷啊"等想法，这些也要全部写下来。

一开始让自己坚持写3分钟左右，等你能写出东西之后，再一点点地延长时间，这样就不会给自己造成压力。

请坚持这个习惯，直到你提笔就能连续不断地写上15分钟。

到那时候，你肯定已经是一个轻易不会觉得心里堵得慌的人了。

有一位来我的诊所咨询的女士，她因和伴侣之间的关系非常苦恼，长期以来一直失眠，但在她开始用日志将脑子里的莫名焦虑写出来之后，刚刚第三天就做到了自然入睡。

为了不把那些莫名的焦虑拖到第二天去，就让我们在睡觉之前一吐为快，给自己一个轻松自在！

A 通过写日志吐露内心的郁闷情绪。

如何治愈今天一整天都在和焦虑对抗的自己

在一天结束的时候,给忙碌了一天的自己送上一份"礼物"也会非常不错。

"今天我也认认真真地忙了一整天。今天的我也表现不错哦!真的是辛苦啦!晚安!"

如果你跟自己说一些诸如此类的体贴话,就能带着快乐的心情进入梦乡。

如果你有一个像我在前面第2节中介绍的那样、以近似自己的名字命名的毛绒玩具,你也可以一边跟它道一声"辛苦啦",一边将它紧紧地抱在怀里。

这样做愈发能够让你觉得心里暖暖的,压力也会轻柔地得到缓解。

在一天结束的时候送给自己的"快乐礼物",能够让你以愉悦的心情去开启新的一天。

让我们在今天为明天播下幸福的种子,美美地睡上一觉。

放心吧,明天会比今天好,会越来越好!

> A 认可并安慰自己"今天的我也表现不错!"

来访者的话*

★ **我感觉自己的状态越来越好了!**（30+女士）

刚开始的时候我的症状有点类似肠易激综合征那样，一坐电车就会肚子疼，并且开始冒冷汗，坐电车这件事儿让我紧张得不得了。这种状况持续了一段时间，在没有治愈的情况下我又去国外旅行，结果在当地出现了惊恐障碍症。整个人感到恶心想吐，并且伴有腹泻、身体发麻和心悸的症状。回国之后我就去了医院，开始接受药物治疗。

我感觉都不太认识自己了，担心这样下去是不是真的要时刻与焦虑为伴，得和这个病打一辈子的交道，又担心自己即使服用药物也可能不会痊愈，每天都生活在焦虑之中。正当胡思乱想的时候，我在互联网上发现了柳川老师开设的咨询页面。一直以来我都想治好这个病，于是抱着抓住救命稻草不放手的心态，预约了柳川老师的心理咨询。

虽然刚开始我是抱着半信半疑的态度来的，但令人难以置信的是，我的身体状况真的越来越好，现在不再有以前那种焦虑不安的感觉了。当然，我也并没有服用任何的药物。如果早知道生病得忍受那么漫长的痛苦，我会更早一些来老师这里做心理咨询。真的是非常感谢。

---

* 原文中，作者通篇并未对找她咨询的人使用"患者"这一称呼，因此此处译为"来访者"。——译者注

★ 每做一次咨询，我都会感受到自身在随之发生变化。
（20+女士）

我去柳川老师的诊所做心理咨询，是因为七年以来抑郁症一直困扰着我，并且在我离婚之后变得更加严重了。我第一次去的时候，身心真的已经是千疮百孔，但经过半年的治疗，我的状态恢复到了让人惊讶的地步，抑郁症也自然而然地得到了缓解。每接受一次咨询，我都会感受到自己由内而外地发生变化，真的是非常开心。感谢柳川老师一直以来对我的照顾。如果再遇到什么问题，我一定会再来的！（当然，如果什么问题都没有才是最好不过！）

★ 我感觉到自己的意识也在逐渐发生变化。（50+女士）

我以前总是深陷焦虑当中，自律神经失调，不知道怎样才能让自己放松下来。

柳川老师首先告诉我，始终与自身坦诚相待的其实是我们自己，这让我感到似乎从过去那些已然无能为力的"囚牢"中解脱了出来。老师还引导我把注意力关注在自己的烦恼上，找出问题所在，并且进一步找出解决问题的方法。

以前，即使我知道解决问题的答案就在自己身上，却并不知道该怎样去找到答案，不知道怎样实现把答案一点点地渗透进自己的意识中去。

通过接受柳川老师实践型的心理咨询，答案在我心中渐渐地积累成形，我感受到自己的意识也在逐渐发生变化。

我惊讶地发现，只要我放松下来，就能够获得力量和机会，像柳川老师指导我的那样去做事情。这一点真的是非常不可思议。我觉得"生活方式的秘诀"全部汇集在柳川老师说的话里。

仅仅是柳川老师的存在就让我觉得是一件幸事。如果哪天我不知道该如何撑下去的时候，我会再来请教老师。

我们每个人都活在自己创建的意识世界当中。现在我觉得"只要改变自己的意识,就能够生活在一个稍微好一点儿的世界里,或者一个完全不同的世界里"。

很久很久以来,我都想要有缘认识像柳川老师这样的人。感谢老师出现在我的生命里。

★ **我比预期要早得多地迎来了最后一次心理咨询。**(30+女士)

我认为柳川老师为我做的每一次咨询都非常有意义。以前我一直以为,明明想要认可自己,却没办法做到,现在我终于从这种痛苦中解脱了出来。我想今后即使遇到什么难题,也能够靠自己或是借助周围人的力量去解决。真心感谢!

★ **我重新找回了自信。**(50+女士)

在我年满50岁的时候,我曾经和朋友说过"接下来的人生得懂得知足啊"之类的话,但实际上对我来说,在日常生活中抱着这样的心态过日子是件很难的事情。在经济长期不景气的大环境下,不稳定的工作、忙忙碌碌的生活、丈夫被裁员等,都让我觉得自己感知幸福的能力,或者说自己创造幸福感的能力大大下降了。

在接受了柳川老师的心理咨询之后,我在老师的帮助下重新恢复了信心。从今往后,我会更加有意识地去用心培育"自己的幸福之花"。若是再碰上狂风暴雨,请允许我径直跑到老师这里来寻求帮助。知道身边总是有老师在,就觉得很安心。非常感谢。

★ **我很自然地将内心的痛苦表达了出来,这让我很是意外。**
(40+女士)

在第一次接受心理咨询的时候,说实话我很担心自己能否真的做到把自己的内心剖析给别人看。然而，在尝试接受咨询之后，我居然将自己内心的痛苦很自然地表达了出来，这让我感到非常意外。在接下来的咨询过程中，我得以重新审视我自己，并且从各种各样的言语表达和训练方法当中，察觉到自己以前一直没有注意到的各种事情。现在我能感觉到自己正在一点点地发生变化，我非常高兴自己已经成为一个和当初第一次来这里时完全不一样的"我"。

真心感谢柳川老师帮助我从一个曾经开口就是"反正我不行""我超级讨厌我自己"的人，变成了一个能说出"以我自己的方式""自由自在"这些话的另一个"我"！非常感谢！

★ **从现在起，我要试着做到自立。**（40+女士）

我是在觉得没办法让自己振作起来，并且感到束手无策的时候，来到柳川老师的诊所接受心理咨询的。老师在樱木町和西镰仓开设的两处诊所我都去过。樱木町的诊所以简洁的白色为基调，里面铺着的绿色地毯给我留下了深刻印象；西镰仓的诊所有木质的桌子和舒适的沙发，坐在那里和老师说话感觉像是去朋友家拜访。

柳川老师从我的烦恼入手，每一次都非常认真地倾听我当时正在担心的事情，在处理问题的应对方法及如何积极思考等方面对我进行训练。我认识到虽然改变固有的思维方式需要花费时间，但思维方式确实是能够被改变的。

从现在起，我想要试着做到自立。

当然，我对自己能否自立还有一点担心，不过我会坚持实践老师传授给我的应对方法及各种训练，一天天继续前行。柳川老师一直平静温和地听我讲一些或琐碎或深刻的话题，甚至是东一榔头西一棒槌的杂乱无章的话，所以我才能够把什么都尽数倾吐。正因为如此，我也才能察觉到那些被自己隐藏起来的情绪。在此向老师致以诚挚的谢意！

★ 与其说是"接受治疗"，更像是在"学习技能"。（40+女士）

我是个特别容易紧张的人，甚至到了连我自己都不敢相信的地步。我一方面想着必须找个法子去改善，一方面又觉得把紧张当个病去"治疗"有点儿夸张，反而会给自己增添压力，所以也就总是不了了之。几个月前，我看到了一则有关柳川老师诊所的广告，于是去老师那里做了心理咨询，之后就一直跟着老师学习自生训练法。

我感觉咨询的过程与其说是在"接受治疗"，倒更像是在"学习技能"，所以与学英语口语或在健身房练习如何活动身体并没有什么区别。

今后我也会把自生训练作为自己的一个爱好坚持练下去。非常感谢柳川老师！

★ 通过8个月左右的治疗，我感到自己"已经没事儿了！"（40+男士）

"自我肯定感"这个词在一定程度上受到热播电视剧的影响而渐渐流行起来，如今已经变成一个常用词了。我觉得早在这个词流行之前，我就一直缺乏"自我肯定感"，无缘无故会害怕旁人，即使受人夸奖也没办法做到坦然接受，相反倒是常常因为觉得自己不值一提而感到内心郁闷，因此总是生活在无形的"焦虑"当中。现在回想起来，有可能自己从很小的时候起就是这样，也可能是从青春期开始才变成了这样，到底是怎样我也想不起来了……

在第一次见到柳川老师之前，我试着事先在心里好好思量了一番"自己内心的问题究竟是什么",回答是"我缺乏自我肯定"。除此之外我找不到其他的答案。然后我带着这个问题去向老师咨询。我明明是个特别容易害羞的人,却在和老师第一次面谈时,将自己迄今为止的病历、自己对自己没有信心、只要一去心身医学科看病就会情绪低落,以及为何会出现这种状况等内容滔滔不绝地讲了一个小时。我自己也被这份倾诉的热情吓了一跳,而且当老师笑着对我说"听了你的一席话,我想知道你为什么会对自己不自信啊"的时候,我也笑着给了老师一个不可思议的答复。我说"就是啊,还真是呢"。

在之后的治疗当中,我感觉老师一直非常耐心地引领和陪伴着我,让我把自己以前从书本上获得的一知半解的知识全部付诸实践。举个例子来说,我在有些书籍当中读到关于"呼吸法"的内容,虽然心里非常认可却未能做到持续练习。这一次正是因为和老师做了约定,我才能够认真坚持下去。"只要能够全身心地去感知自己的身体,就能让内心渐渐地趋于平静",让我的身体从内部开始改变,我真切地感受到仅此一项就带来了足以改变人生的效果。虽然我以前就知道"内在小孩"的概念,但却是老师把我心中那个小小的哭着鼻子的"内在小孩"清清楚楚地展现在我的面前。另外,因为有这样一位总是笑盈盈地用各种各样的自我疗法、实际操作及感受方法对我加以指导,时而严肃时而爱开玩笑的老师在身边,所以我用了大约8个月的时间,就感到"自己已经没事儿了"。现在,我可以拍着胸膛宣布:"我差不多要毕业了!"

★ **我的焦虑逐渐消失,自己想要做的事情多了起来。**(20+男士)

在去柳川老师的诊所之前,我整天都在想着那些让我焦虑的事情，但自从去了老师的诊所之后，内心的焦虑便开始逐渐消失了。我患有惊恐障碍症，曾经对一切都失去了信心。虽然得病这件事情也让我很是心烦，但我更担心的是自己今后的生活。我想我最起码首先必须减轻自己的焦虑，于是决定尝试一下心理咨询。

在接受柳川老师的心理咨询之后，我的身体状况一天天好了起来。我觉得非常好的一点是每天我都能够很简单地进行自我训练，而且因为学会了在恐慌即将发作时的应对方法，恐慌发作的次数也减少了。我非常开心依靠自己的力量，不用服药就取得了治疗的效果。

对于那些自己一直以来感到焦虑和特别厌恶的事情，现在也变得只是有一点点讨厌了，我不再感到焦虑，相应地自己想要做的事情多了起来。今后我也会每天进行训练，努力强化精神层面，争取让每一天都过得充实。

★ 老师教会了我爱自己的重要性，这是我人生中的一笔财富。(30+女士)

因为我有胃痛的毛病，治疗胃病的医生建议我接受心理咨询，所以我有缘认识了由美子老师。

说实话，刚开始的时候我真的不知道如何是好，对接受心理咨询这件事充满了抵触和焦虑的情绪。

然而，由美子老师为我做的心理咨询，却让我感到了如沐春风般的温暖。

由美子老师从来都不会否定我，而是引导我能够自己去修正内心的想法。现在我觉得恋爱、家庭和职场都轻松了许多。没有服用任何药物也不再感到胃痛了。

真的很感谢由美子老师所说的每一句话都让我获得了拯救和支持的力量，与此同时才拥有了现在的幸福。

由美子老师还教会了我爱自己的重要性,这是我人生中的一笔财富。今后还要请老师多多关照。

★ 我变得积极乐观了。(30+女士)

来到柳川老师的诊所接受心理咨询是一种缘分。多亏了老师的指导,我变得越来越积极乐观。非常感谢!

★ 我把来柳川老师这里看作是对自己的"奖励"。(70+女士)

好久以来第一次把心里的话说了个痛快,我现在感觉神清气爽。

今天能够在这么棒的地方度过半天美好的时光,是对自己最好的奖励。

非常感谢!

★ 非常感谢老师让我过上了内心安宁的日子。(30+女士)

我怎么都没想到多年来困扰自己的心理问题,仅用了短短四个月的时间就彻底解决了!

这种感觉非常不可思议,我对老师深表感谢,是老师的治疗让我过上了内心安宁的日子。

★ 自从接受老师的心理咨询,短短四次就改变了我的人生。(40+女士)

虽然我也曾经去其他诊所做过心理咨询,但却没有任何收获。然而,自从接受柳川老师的心理咨询,短短四次就改变了我的人生。

我终于从疲于应对的日子中解脱了出来,放下了压在心里的重担,衷心感谢柳川老师!

作者简介

柳川由美子

- 健康生活服务有限公司代表董事。焦虑症专业心理咨询师（具有临床心理师、注册心理师、行业咨询师资格）。

- 生于福冈县，现居住于神奈川县镰仓市。毕业于镰仓女子大学儿童研究系儿童心理学专业，之后在东海大学文学院获得了临床心理学硕士学位，并于该大学研究院从事心理学及脑科学方面的研究。在导师宫森孝史（神奈川县临床心理师协会前会长）的指导下，从事"大脑能否解读内心"及"从大脑的角度看待人的终身发展与内心整合"等方面的研究。她拥有积极心理学和神经语言程序学（NLP）的培训师资格（积极心理学是与人类幸福和成功相关联的科学，神经语言程序学则被称为人类大脑和心灵的使用说明书）。

- 她是三个孩子的母亲，自身也曾是一名焦虑症患者。照顾患有晚期癌症的婆婆的经历，让她有机会做了一名专职心理咨询师。她从自身克服焦虑症的经验出发，到研究院等机构进一步学习"心理和身体"及相关专业知识，成为一名独立的心理咨询师，在大学、心理诊所及企业研修中开展活动。通过八千多次的个人治疗实绩，总结出心理咨询客户的共通模式。她应用"改写信念、对话法和全心全意爱自己"等与众不同的方法，引导人们去解决心理上的问题。她向客户提供"安心精神方案"，从根本上改善恐慌、抑郁、焦虑等症状，使其过上了不依赖药物治疗的生活。她以产生焦虑的科学依据和机制为基础开展的实践型心理咨询知名度迅速提高，有众多来自日本各地的咨询客户。她的个人兴趣是游泳、钢琴和阅读。